U0231979

29+1
种相遇方式

丁天 著

重庆大学出版社

能选择的从来不是得到与失去，

而是你愿意存在于世间与他人口中的方式——

这是少不更事的我访过很多人、经过很多事，

经历过 29 种相遇方式，才知道的一件事。

29+1，是因为见影 + 见人，最终见的都是自己。

谢谢爸爸妈妈，及结婚 35 周年快乐。

谢谢 X 先生。

谢谢所有对我的相信与懂得。

注：各个部分文章顺序均按照撰写与访谈的时间先后排列。

自 序

+1，因为没有人是一座孤岛

1

{我们要如何离自由更近}

每一次给书写自序其实都在最后，我这种距离上一本已经过去了近三年的懒人就会非常实际地知道，人生终于又过去了一个阶段。

只是这一次，还是有点意料之外的不舍，甚至有点多。事实上，我之前都怀疑从 30 岁进阶到 31 岁的这一年，将是我日后最不想回想的一年——非常俗套的，**这个此前被我定义为"离自由更近的年龄"是我最艰难一年的开始，无论是职业生涯，还是情感经历，我都被现实击碎得无处回避。**

解决的方式，也不过是在直面的同时，慢慢地写一些东西，看很多的电影。

2

{在此之前，一个人要面对的是自己，不是全世界。}

这几年的大多数电影我只看一遍，有些会因为工作关系看个几遍，只有一部电影我已经看了、并且还想要看很多遍——李安的《比利·林恩的中场战事》。

第一次看完电影后，我觉得我最想做的是抱着李安大哭一场，就像曾经某一年拍不下去电影的李安跑去抱着伯格曼一样。

并不是，并不是想采访他。那时我还是个有公职的媒体人，见到他——这个对很多人而言的奢望对我并不是——但我不想这样去见他。我甚至没有什么想要问他的——如果真要说的话，可能只有一句：你好吗？

那是电影里"曾经美得像天使"，如今满脸挥之不去的伤痕在车灯照耀下一览无余的姐姐回身问林恩的问题：**你好吗？**

我在电影里看到了他在述说的现实，而我感同身受。

台下人看着银幕上的英雄；被投射在银幕上、被当作大英雄、整张脸都在特写镜头下闪闪发光的林恩，却看着热舞中的啦啦队队长。那时他以为自己得到了心向往之的东西——爱情。

背景音乐是一个不断重复的问句：那里还有什么？（What else is there？）悠长的吻，那是一个中场的奖赏，却不是人生的终场。她终是不理解他的，她就像台下那么多看着他的人一样。跑远前她回头是这样说的："你要回去，你是英雄。"

同样是歌舞，姜文的《一步之遥》拍出了荷尔蒙的尽兴，李安拍出的是他对所有人的悲悯，包括他自己。在最后才呈现出的隧道近身格斗中，我觉得，就像他执意选择 120 帧的新技术一样——他杀死的不是别人，而是另一个曾经懦弱的自己。

　　事实正是如此。

　　这就是我为何感同身受——拍再多故事、访再多人，无论用哪种方式，每个人要追寻的，终是自己的人生样本。

　　很多问题，追问别人和追逐他人都是无用的。自己的问题，最终只有自己能解决。人生的确艰难，从来深渊不断，但需要战胜的不是别的，而是像李安一样，越过一个自己给自己设置的挑战。

　　更重要的是，在此之前，一个人要面对的是自己，不是全世界。

　　这是在一次次与"见过众生"的人面对面的采访里，我越来越觉得的事。人们期望从他们口中听到人生成功的秘诀——但，真正的成功究竟是什么？时代让人如此急促，成功人生的标准和感受其实没有变过：你成了一个你真正满意的自己——不然，即便看起来满足了所有成功的世俗标准，如果你无法面对你自己，那也就依然毫无意义；不然，哪怕头顶满是烟花四起，你能看到的也不过是枪林弹雨，眼睁睁地看着心里的首都坍塌变形，直至变作自己都不愿直面的废墟。

李安是把他人生真实体会到的所有黑暗都放进电影中的人——动人，是因为他真实。一点真实，也是我唯一愿意书写他人的方式。

我相信李安深刻地怀疑过自己，他的黑暗与痛苦，一点也不比任何人少和浅。

我相信我采访过的这29位大银幕上的或幕后的人，其实或多或少都是如此。

"你要回去，你是英雄。"（——是这样吗？不是的。）我要回去，因为我想成为自己，不是任何谁。（哪怕面对的是孤独，不是繁世盛景。）

《比利·林恩的中场战事》结尾，姐姐开着车来告别。深红色，车灯微弱又明亮。他望向她。"我不是一个英雄，我是一个军人，我希望你为我骄傲。"

那才是没有硝烟的最大一场战争——值得每个人为此奋战终生。

3

{因为遇见了他们，我才得以遇见并坚定了那个 +1 的我。}

对我的读者，原谅我想要在此戳破我上一本书给你们制造出来的一点幻象：

天意眷顾倔强的你。或者我更想说的是，除了倔强，还有很多别的方式——比倔强更重要的，是找到并坚持你自己的方式。这就是我为什么在书封上写：**找你的路**——能选择的从来不是得到与失去，而是你愿意存在于世间与他人口中的方式。大家都是这么走过来的，包括书里用电影见众生的他们。而我和很多人都走过了近十年甚至更多的杂志世界，已经翻过了天地。

人不如故抵不过衣不如新——新媒体以最剧烈、最迅速的方式重新定义与排位了码字的价值——那些绝不够标准印在书页上的文字，日日提供八卦资讯，提供心灵鸡汤，提供人生指南，总之，提供一切看似有用、有如快餐食品的快速服务，而且广告商对其的定价不菲。

我埋怨过。我埋怨新媒体以这样的方式降低了文字的美感——但我很快发现，埋怨是最没有用的，最终的问题还是指向自己——你挣扎，你痛苦，不过因为那不是你喜欢的方式，甚至不关某种方式本身的事。

正因为此，我才能在新媒体的方式里找到自己的方式——用视频记录访谈全程，这本书里超过 2/3 的内容你都可以找到——事实上，在这过程中我也惊觉，视频流行的其中一个原因，或许是相比照片和文字，它更真实，作假的难度更高一点——我禁不住问自己，如果这都不能是我认可的方式，那么什么是呢？

在此要特别感谢鼓励和支持我"自己干"的幕后团队，以及或许顶着压力——我不是有众多粉丝和大数据的网红——却一直很支持我的品牌，Dior 和三宅一生，事实上，所有让我印象深刻的生活方式亦是人生启示——从他们处了解的故事，我们下本书里见。

找到自己认可的方式，人生会简单很多，很多事情也就对了。而寻找自己的方式——哪怕是出版这本书，相信我，我走过和所有人同样波折的路。

我其实不大相信运气这个事情。我唯一相信的运气是，在自己有所质疑的时候遇到当时对你有所肯定与助力的人，这种遇见，真的是运气。

不夸张地说，因为遇见了他们，我才得以遇见并坚定了那个 +1 的我。

2015 年写书之初，我最喜欢的青春电影——《蓝色大门》的监制徐小明对我说："在这个如此无奈的世界里，谁有勇气站出来，坚持下去，就赢了。"

2016 年写书时，和章子怡有了第五个封面采访，《罗曼蒂克消亡史》，载体换成了新媒体，票房成了所有人望眼欲穿的标准，经历了中国电影的清贫到盛世的她这样对我说："坚持很重要，尤其在乱世中。"

后来出书拖延，得以遇见黄磊执导的第一部电影《麻烦家族》，以他的资历似乎也拖延了太久，但他这样对我说："反正你每一件事情，都按自己的选择和方式来做……表达要有，然后你也要有你自己的方式。我先要对我的表达负责。"

谢谢你，因为你，我才得以成为现在这个 +1 的我。

最后我想要说说感情，在这场不见硝烟的战争里，我可能失去了一部分的东西。人生从来都是一曲柔情与叛逆之歌，即便叛逆如我，也并不能免俗。封面是一个上海之夜里随手拍的，那时我并不知道，这就是我们最后平静如初的好日子了。我再也不能对陪我在黑暗中看过很多电影的你贴在耳畔唱一句：今夜还吹着风，想起你好温柔——但我的确想在此，再次对这个我生命中很重要的人说：亲爱的人，谢谢你这么长的时间陪着我。

谁知道呢？就像我很想和你一起去看的《吃吃的爱》一样，也许我们会以另一种方式，在另一个时空相遇。

没有人是一座孤岛。

2017 年 5 月末的一天，我一个人跑去 MOMA 看了《麻烦家族》。全场就我一个，空空荡荡。突然，我身后的门"吱呀"一声推开了，进来了一个老头。"就你一个人啊？"他轻声问我。我对他笑笑。黑暗中，我却清晰地看到——不，是感觉到——他也对我笑了笑。他找了最边上的一个位置，坐下来和我一起看电影的结尾。很神奇的，坐在他后面一排的我，感觉到他一直在轻轻地笑。直到字幕播放完毕，他像我一样安静地看完，然后回身拿起簸箕。我恍然——天天在这里打扫卫生的他应该已经看过这部电影很多遍，但还是愿意坐下来认真看一看结尾。

这是兵荒马乱的这一年中，我遇见过的最好、最动人的事，它甚至无关爱情。它就这样轻柔地抚平了我心里的某种伤痕，坚定了我就这样写下去的想法：

行业标准在颠覆，但标准是自己制定的。

我的文字标准，就是可以留下来，留在纸页上——我也希望为此留到最后的人，如你，也能像那个在一片黑暗中坐下来的老头一样，轻轻地、微微地、会心地，展颜一笑。

这样就好。祝你们都好。

你诚挚的，

2017 年 7 月初于京

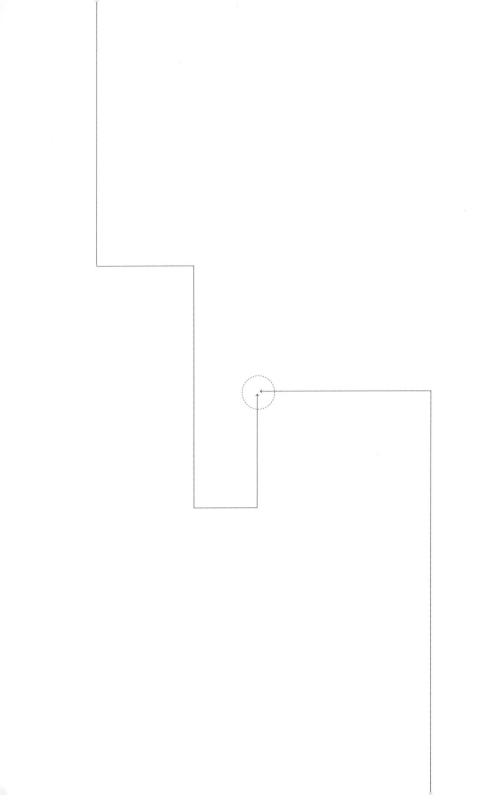

他们见众生

我的名字对你意味什么

当我在大银幕下面对名字耳熟能详的她们和他们时，

我在写什么？

特质，那些自己还没有百分百拥有的特质——对于她们和他们，

我写得未必比别人好——多数时候，

只是我看待他们的方式与所处的位置不同而已。

坚持

坚持很重要，尤其在『乱世』中。

——章子怡

她与我

必须坦承,我最早写她的那篇《她就是一代》,以下这段得罪了不少人。

"喜欢章子怡,需要一点条件。我的意思是,如果你本身不具备某些特点,很可能你不会感同身受地喜欢她。喜欢章子怡的人相对简单、执着、明确、决断,不理俗套,不循常理。如果你身处一个迷茫又庸常的人生里——看到章子怡,她的美无疑会刺痛你的双眼。"

此时,距离写下这段文字已经五年有余,**彼此的人生看似已是沧海桑田:她结婚生子,做到了自己最想做的几乎一切事情;我则离开了媒体,正式进入了电影行业内部,甚至在最初制作《卧虎藏龙》的电影公司有了一段难忘的人生经历。**

奇怪的是,外人看来或定义的巨变,我常常觉得本质从未变过。和写作不同,媒体从来未见得是我最爱的事情,就像拍电影、走红毯和拍大片也从来未见得是章子怡的最爱——但有时候看她的故事会知道,即便知道自己要什么,不走过一些路,你未必知道其中的辗转对一生的意义。

所以,要坚持走下去。

2016 年年底上映的《罗曼蒂克消亡史》是又一部继《卧虎藏龙》《一

代宗师》后不可错失的章子怡电影作品。

一部女演员演女演员，更是女明星演女明星的戏——很多场景与台词皆可比照与解读，让《罗曼蒂克消亡史》中的"小六"这个角色，区隔开了章子怡演绎的其他命运同样颠沛流离的女性。通过戏中戏，人们窥视着他们想象中的女明星毫不"花好月圆"的日常——美不胜收，又让人心疼。

有风月场上浓妆的风光，也有被俘虏时素颜的孑立。

她就是那种每一帧都好看的、天生吃电影这碗饭的人。

有一场对着镜头的戏，她直视镜头后的准情人，说的却是另一个男人，仿佛道出了所有为爱情碎过心的女人们的心声，就像她的妆容，烟灰色的眼影与浆果紫的红唇，是炭火与冰冷的共存。"我看透了你所谓的博爱，表面上是宽容、友爱……其实为的是过你懒惰而自私的日子。我要的是一个有偏爱、有憎恨的男人。"是突然的低声婉转，"我不再喜欢你了，再见。"

私奔出城的车后座，她的辗转反侧，亦是心之所向——人人都以为她向来野心勃勃，其实她向往的不过一场罗曼蒂克。但一直要到片尾，在一排失魂落魄的幸存者中，**她倏然抬头、识得故人，之后经过漫漫长廊、宛若人生的每一步抬首**，你才惊觉：

她演活了一个人生迈出的每一步都颠沛流离的奇女子。

当我对人生缺乏一点决断或勇气的时候，就会想要去看看章子怡的电影，

和她走过的路。

去年过年的时候,我去了我看过无数次的电影《卧虎藏龙》的拍摄地安吉。

终于去了,虽然它一直离我的故乡那么近——远远近近,就好像是电影与生活、人与人之间的关系。我经历和体会得太多了。作为媒体,一次看似行云流水推心置腹的交谈,多数时候不过是一种迅速建立又迅速消散的关系。至于能够几次相谈而相看不厌,就不只是缘分那么简单。

走进写有"天荒坪"字样的大竹海入口,竹林比想象中难走。竹子看似柔婉,随风绰约,很有几分《永怀赋》里"扬绰约之丽姿,怀婉娩之柔情"的样子。偶见一支竹要拼命够向另一株更高大的——好像《卧虎藏龙》里初出茅庐的玉娇龙对功力深厚的李慕白的挑衅,在它够到的那一瞬,便是命中注定。

柔婉也好,倔强也罢,只有站得足够高,你才能听见整片竹海的声音。风从耳畔和脸上掠过,可以看见散布野间的是星星点点的雪,阳光尽数落在竹林特有的叶子间。看过多少次玉娇龙迎面从天向地冲下来的镜头,但**身为外人,我分辨不出一处李慕白与玉娇龙昔日缠斗过的地方。**

我觉得到处都是,又都不。我只能想起和默念的是:心诚则灵。

开车赶在天黑前回家的路上,我看到了烟火。火光一跃而下又婉约昂扬的姿态,好像当时竹林间的玉娇龙。反正,人生的高潮与低处,都会这么在起起落落间过去。张国荣曾唱过一首有关"明星"的歌,里面说:繁华相比 /

会发现谁值得不舍弃……原来再珠光宝气 / 无法代你 / 凡人拍不出的戏 / 令我没法忘记。明星宛若烟花，堪比烟花寂寞，谁说不是呢？

冬日的天际恍若隔朝换代地暗下来，而空中团团锦簇的烟花也迅速地消失不见。绚烂一瞬，喧哗一瞬，一切又归于沉寂。

这是新年，家家户户，炊烟正在升起——我觉得，这是人间烟火里最好的时刻。那一边，手机里，她给的新年祝福一点也不官方。她说："妞，别的都不重要，只须心里留一个位置给彼此。"

事实正是如此。对于女明星，我写得一定比别人好吗？未必。多数时候，只是我看待她们的方式与所处的位置不同。

我想起来，认识这么久，我好像从来没有告诉过她，我看到她的最动人的一刻并不在电影里、放大了表情那么多倍的大银幕上，而是在她给女儿醒醒办的百日宴上，当日播放的一段视频里，她被求婚时的表情——我觉得，那个人生的特殊时刻里一闪而过的表情，是她给自己的：**嘴唇被咬住一瞬，欲落泪却未下——好像演过的所有倔强、隐忍、深情的角色之大成，但，又不是任何一个角色。**

那一刻，她真的只是她自己。

2016 年《罗曼蒂克消亡史》特约专访后。其实我和她的合影从 2012 年至今，几乎每次都是因为电影相见，足以连成一幅时间轴长图。

坚持很重要，尤其在乱世中

1

她从来坚持的事情，是电影。

和电影有关的事情，她从来都着急。

那日《罗曼蒂克消亡史》首映，见到我的第一面，久违的拥抱过后，第一个问题就是：你觉得电影怎么样？

若干个深夜，我们都这样在微信里问过彼此——而这部电影的反复剪辑与改档，以及处于如今以票房论成败的电影市场中的不易，我是知道的。

接下来的跑厅，因为场地老旧，某个 IMAX 厅的银幕亮度不够，导致放映效果不尽如人意，她又开始展现出少女般的蛮横——那种像我这样看过不知几遍《卧虎藏龙》的人早就熟悉了的她的玉娇龙式的神情。"导演，你赶紧去看看！"她推着导演程耳去影厅亲眼察看实情，"这么重要的事，为什么之前没有试呢？这样的质量，不如不放！一会儿得给大家道歉！"

在那个厅的映后谈里，她推心置腹地说了最多的话。有观众提问："子怡，你演的小六其实在车里找到了枪，为什么选择递给浅野的是手帕？"

"手帕或枪，都在手上，人生的两种选择……"她突然沉吟下来，复而抬头、直视、答得真诚，"命运嘛，都在自己手中。"

　　事实上，我以为，章子怡是最不怕谈论"命运"，且最言之有物、落地有声的中国女演员了——因为她有足够多的经历去支撑，而且，她还在不断拓宽这种经历——如果说最初的成名作《我的父亲母亲》《卧虎藏龙》是命运的眷顾，那么从获封全奖的《一代宗师》到如今的这部《罗曼蒂克消亡史》，则更多是身为一个电影演员且以此为天职的她自己的选择了。

　　平心静气地想一想，你就会像我一样想要问她：《一代宗师》之后，到底还有什么样的角色能吸引到，或者说赢得章子怡的心呢？

　　"我觉得小六是可以的。"章子怡说，"首先就是，这个人物的命运实在是离奇。"她再次提到了"命运"，"我觉得我是不理解她的，所以我对她好奇啊，她为什么会有这样的想法，她老想出名，因为我没有经历过那种……命运给予我的好运太多了，而她搅在命运的悲歌里——她想掌控自己的命运，她以为自己可以在这种复杂的环境中生存下来，她以为她是可以驾驭的，但其实她并没有主动权。"

　　看过《罗曼蒂克消亡史》的人都知道，车后座的那场上海逃离是全片看上去最优美的段落之一，也最有隐忍的悲情——命运的转折来临之前都是寂静，且不会给人太多停歇的时间让人准备好——车灯和着《Take me to Shanghai》的靡靡女声，倏明倏暗地流转在车中每一张若有所思的脸上，停驻在章子怡斜靠在后车窗的脸上最多——从车戛然而止、她转脸望向突袭于她的身边人的那一刻开始，那张脸一反电影前半段的谄媚妖冶，开始剥离出我们所熟知的倔强与不俗模样。

章子怡告诉我，其实车后座是日本演员浅野忠信与她的第一场戏。"那两场戏是我们俩第一天认识，他怎么样看我的耳环，我们俩之间的各种矛盾，紧张，猜测，怀疑……然后他把韩庚那个角色杀掉之后，把小六强暴了，所有的戏都是在我们第一次相识的时候拍的。"她回忆说，"特别可怕我觉得，那真的是挺不可思议的——没有交流，没有设计，就是两个人的配合，戏顶戏，就到了一个火花。"

能担得起"国际影星"这几个字的人，你以为是什么样的？这两个人、这场戏就是典范，不是做人活络、社交熟练、去过好莱坞——好的电影，也是一袭华美的袍，演员在其中的表演，就是细密的针脚，是一帧也骗不得人的功夫。

那场戏是我在《罗曼蒂克消亡史》全片中看得最酣畅淋漓、汗毛直竖的戏份之一——戏份之二，则是临近片末历经折辱、劫后余生的她，从一众幸存者中徐徐站起，她的神情与身边人都是如此不同，在这样的命运之后，她居然依然没有认命的媚态，而是在百转千回、眼波流转的一瞬对视之后，给出了一个毫不谦卑的低头——虽然，此前，在面对日本人时，这个动作她流畅地做过无数次。

但那是不同的。那是与华丽岁月的故人的重逢，不像是求救，而是仿似对过去峥嵘的感恩与礼赞——感谢我所经历过的那么多暗无天日的日子，让我变了，又没有改变。

那一刻与之重叠的银幕回忆，是玉娇龙在悬崖边的"许个愿吧"，是宫二楼台看戏时的"我心里有过你"——再骄傲的人，人生也有低头的那一刻，重要的是你的心，不曾变过毫分。

2

其实她对我而言从未改变。

如果真要说微妙地感觉她变了什么的话，只在那两个瞬间。

第一次，是在就《罗曼蒂克消亡史》中的那句台词"你带我跑了吧"展开的一段讨论。

"你为什么觉得女孩儿其实挺难说出这句话的？"我问。

"因为你是要托付终身的啊。"她说。

"带我走吧，就是要托付终身吗？"我笑。

"不是吗？但是对于我来说是啊！"她倏然对我认真，"我觉得说这个话，我觉得我是要，就一辈子，我要跟着你，真的是认定了这件事。我没想过你可以跟很多人讲这句话，不行！"

"不，我觉得这句话对我来说就有点像：我眼前的日子我有点过厌了，眼前的这种人生我觉得特别厌倦。"其实我没有告诉她，这就是我眼下的想法，"我好像在你身上看到了另一种可能……你就带我去尝试一下，或者是带我脱离眼前——带我跑了吧，对我来说是这种意思。"

"如果我厌倦了这样的日子的话，我会主动离开的。"她在对面静静地看着我说，带着一种做了母亲和洞悉命运的人才会有的悲悯——

那一刻，好像她对我的一切都了然于胸；

她所说的这句话，又能如此宽慰我这一年几乎破碎到无处安放的心。

　　第二次，是她担任评委的《最强大脑》某期录制现场道别的结尾，她给了那个历经整整四十分钟后，成功地在众目睽睽下完成海藻图观察的单眼皮男孩，一个大大的拥抱。

　　男孩有点发愣。在台下注目这一刻的我，感觉恍若隔世——《卧虎藏龙》时，她要赢得李安当年的一个拥抱那么那么难，而现在，她已然成为了那个主动给出拥抱的人。

　　从南京回到上海家中，我又看了一遍《卧虎藏龙》。我并不知道，居然还能看出新的寓言和旧日预言，每一则，都像是她如今的写照。

　　暗夜的闺房里，她一身黑衣，眼神凌厉，又低首迷茫。"师娘，徒弟十岁起就随你秘密练功，你给了我一个江湖的梦。可是有一天，发现我可以击败你，你不知道我心里有多害怕。我看不到天地的边，不知道该往哪里去，我又能跟随谁？"

　　我相信，没有哪个初闯江湖的女孩儿不害怕，但漫漫十余年，她跟随选择她的导演们成就了她——就像与李慕白的交手试出了玉娇龙得道的功力，若干年后的《一代宗师》，宫二一角也试出了章子怡精进的演技。

　　但与玉娇龙不同，在这个人心叵测的江湖，她没有纵身一跃，昙花一现，哪怕曾有谷底，如今依然走得日益稳健。她回忆起拍《卧虎藏龙》时第一次骑马，她跟张震两个人的马前后腿拴在一起，她追赶他，双手抓不了马缰，只能靠大腿的力量抓住马背，"现在想起来都后怕。"

但她挺过来了。电影中，她数次飞身上马，或是青丝拂面策马飞奔在雨夜，或是一身白衣出现在荒野大漠，举目四望，天地无边，就好像《红楼梦》里，余下白茫茫一片大雪的干净。

后来在《一代宗师》里，这样的情景幻化成宫二对叶问的幽幽进言："我爹常说，习武之人有三个阶段：见自己，见天地，见众生。我见过自己，也算见过天地，可惜见不到众生。叶先生，这条路我没走完，希望你能把它走下去。"

李安的新电影《比利·林恩的中场战事》，最终讲的其实不过同一件事：认定自己的命运。

"你要回去，你是英雄。"啦啦队队长对比利·林恩说。

是吗？不是的。我要回去，因为我想成为自己，不是任何别的谁。

"我不是一个英雄，我是一个军人。我希望你为我骄傲。"比利·林恩对最亲的姐姐、最理解和支持他的家人说。

那日关于《罗曼蒂克消亡史》的访谈结尾，我带着一点影迷的私心，问成家后的章子怡："你觉得电影是你终身的命运吗？"

"到目前为止，还是。"她先是铿然地一点头，又若有所思，"这么说吧，如果我觉得这个事情我可以做得很好，我一定可以做得好——比如说，我做母亲这件事情，我渴望了很多很多年。"

"对于爱情，你说过，最终我是知道我要去到什么地方的。"

"因为我太爱孩子了，我要孩子。"

"我觉得——是你太喜欢真实的生活了。"

"我比较有勇气面对所有的这一切……很多人愿意去逃避，我觉得逃避也是一种解脱，对吗？逃避真的是一种解脱。"

"可是没有人可以带你走啊。"

"所以要自己去面对，要勇敢去面对，其实无论谁，真的，我们都会面对大大小小的问题——面对它吧，逃避永远是解决不了问题的。"

坐在对面的我其实想对她说，请一直一直演下去吧——无数无数次，她的电影就是包括我在内的很多人，人生里最深切、最有力的一个拥抱。

一个不臣服于谁而活着的傲骨灵魂，需要的不只是强悍和用力，还有定力与坚持。坚持的确很难——你会饱尝她曾经饱尝的一切，那些眼泪、汗水、鲜血流到过一起的日子，以及仿佛永远都不能被多数人所理解。

坚持包括很多，但在机械或口号的表象之下，其实坚持最难的是：坚持自己的标准。标准都是自己定的，光鲜的表面只是一时之快。

被承受的是一种命运，如《罗曼蒂克消亡史》中的小六；被选择的则是更强大的另一种，如一脉相承的玉娇龙、宫二先生和身为演员的章子怡本人。

我相信这就是为什么章子怡会说：坚持是特别难的，但坚持很重要。

"其实我这么多年来，作品量也不那么大。我一直认为，兵贵精而不贵多，作品也是这样的。"她说，"有的时候，就是看我这个'坚持'，能坚持到什么程度——挺难的，坚持是特别难的。但坚持很重要，尤其在'乱世'当中。"

　　她的坚持，对电影的坚持，对成家的向往，让她在银幕上下、对我而言，从未改变——那么，欣赏一个人这些年、这么久，你自己有没有进步？

　　喜欢的力量，可不就该是如此？

　　所以对写作，对电影，对一切我真心热爱的东西，我打算坚持下去。

　　在这个山雨欲来、一切易逝的名利场，明天不会记得今天，那么能留下来的东西，就是至关重要的。

　　留下来，才能走出去。

　　留下来，才能影响他人。

　　留下来，才能不对爱人说"带我跑了吧"，而是——

　　跟我走吧！

（原文刊于橘子娱乐 App 2016 年 12 月特约视频访谈、封面撰文及《时尚芭莎》2014 年 9 月刊封面故事，本文有补充改动）

单纯

世界复杂，她选择了单纯。

——周迅

她与我

　　在真正面对面采访周迅以前，我已经从很多圈内人口中听说过她的不少故事——是那种真正的听人述说，不是江湖传闻。

　　每一种描述，都很像是众人对一个单纯的孩子的宠爱。

　　导演乌尔善说："其实影响《画皮 2》的剧本有一个很重要的童话故事，就是安徒生的《海的女儿》——这是周迅小时候她爸爸给她讲的第一个童话故事，后来成了角色小唯的原型。"

　　导演彭浩翔说："其实《撒娇女人最好命》当初找到周迅，我是真的觉得她不会撒娇——我也曾经设想过把她的角色设置成撒娇派的女生，最终还是把她设置成了'女汉子'，让她演出一个转变的过程，就好。"

　　某剧照摄影师说："其实真不是我的镜头偏心，但有一些明星感觉是一直提着一股气，而迅姐的感觉就是完全没有掩饰——她很少会化妆到现场，没有房车，常常左手一杯健怡可乐、右手一根街边卖的台湾小红肠就来片场了，吃得很开心，我愿意一直拍她，怎么拍都行。"

　　周迅身边的工作人员说："其实她还是喜欢唱歌，声音是她最掩盖不了的东西，太特别。有时她戴着口罩，只露出两只眼睛和小孩子说话玩儿，一开始还好，但时间长了就会因为声音被人认出来说'这不是周迅吗？'——每当这时候，她只能一溜烟跑了。"

周迅却不认为自己是一个善于和孩子相处的人。"其实我跟孩子不太会接触，我只会这样看着他们。"周迅看着我兴高采烈地说，"我不知道用什么方法跟他们玩到一块儿，只能厚着脸皮去和他们近，但他们看到我，大部分很快就近了。"

而我看着她，想起另一件在《画皮2》片场广为流传的旧事——曾有一个场工丢了四千元钱，四千对一个场工来说绝对不是小数目。周迅看他很难过，说："来，给你四千，你就当没有丢过钱。""一个特别孩子气的、随意的、真性情的、让人难以置信的特别好的人。"告诉我这个故事的剧照摄影师一口气用这一连串的形容词向我形容周迅。

我执意把这个曾在杂志版本上被删掉的故事复原回来。因为我相信，人们喜欢周迅，是因为这样的周迅一直让人相信——这个世界上若还有单纯的灵魂，或者说，如果单纯的灵魂有一个实体，就该是她那个样子。

世界复杂，她选择了单纯

1

现在的周迅身上除了人们熟知的孩子气，还有一种非常讨人喜欢的勇气。

我的意思是说，她的勇气没有那种所谓女性强势战斗带给周遭的、不可避免的不舒适感，而是一种孩子气的直面，乃至你都要为她担心是"愚勇"——那种感觉，就像是在向全世界撒娇——你当然不忍苛责，只想把她搂在怀中，希望她一生平坦顺畅，不知何为人间疾苦。

"撒娇"是她受访时所宣传的电影的关键词。《撒娇女人最好命》，这是一个肯定句式的标题，却让人禁不住疑问：到底什么样的命，才算是好命？

"其实'好命'不是说有多成功，事业有多好，而是人生是否真的感到满足和开心。"导演彭浩翔说，"无论男女，人生在世，找到一个心心相印的爱人都是最重要的。"

专访前一天，周迅在官方微博上贴出和男友 Archie 的合影，公布恋情的方式非常"周公子"。专访一开始，我坐到她身边唤她"周公子"的时候，她正在手机屏幕上划拉字。"哈，就好啦。"她对我撒娇地说，像个到了点却还想耍赖多玩一会儿的孩子。专访结束的时候，她已经开始熟稔地翻起我的工作本："哇，你都是把打印好的问题贴在本子上的？好神奇！"拍片前，狭小的化妆间里，她旁若无人地亮开嗓子"啦啦啦"喊了一通，突然一扭头看到我，又叫起来："啊，开工号子被听见啦！"。

有些角色是属于她的，且只属于她——这一点也不让人惊奇，因为你很少能找到一个如此永恒的女孩样本。

《大明宫词》中的少女太平公主，《苏州河》中摄人心魄的牡丹和美美，《烟雨红颜》中简单固执的赵宁静，《恋爱中的宝贝》中一心一意的宝贝，《如果·爱》中难忘旧情的孙纳，《夜宴》中痴情无悔的青女，《李米的猜想》中敏感倔强的李米……执着的，不设防的，充满善意的，哪怕是《画皮》系列里狐狸精小唯那样的角色，她也是让人爱怜的，让人可以轻易原谅的。

为什么？我试图寻找答案。

"你觉得你是一个什么样的女生啊？"我问周迅。

"我？我也不知道……我肯定不是那种非常女生的女生，但我是什么样的女生，我不知道，真的不知道。"显然，周迅本人对这个问题没有答案。事实上，对太复杂或太抽象，太绝对或太笼统的问题，她都是本能地不去深究。

直到后来，《李米的猜想》的导演曹保平对我说了这样一段话："周迅是一个在表演上可以承担复杂性的人，但她本身在生活中又是一个特别单纯的人……或者不能说是单纯，而是选择了单纯。纵然表演和生活，其实都复杂。"

她似乎已经练就一种化繁为简的本领——在所有的角色里，她前一秒是别人，后一秒却是自己，她的表演是让人信服的，但与其说人们是相信她的演技，不如说是相信她的心。

　　说到"相信"，周迅的眼睛和神情，几乎是闪闪发亮的。

　　"如果让你告诉一个新人，演戏最重要的是什么，你会说是什么啊？"

　　"相信吧。"

　　"相信？"

　　"嗯，你真的相信这个人物，他就是这样子的。有些东西你不相信，你对他有怀疑，好像就不会做得太好。相信吧，相信！"

　　而另一个本领是适时的忘记。在周迅身上，很多时候呈现的状态是，戏过即忘，无论悲喜，哪怕是戏里戏外，真真假假的誓约。

　　黄磊和周迅很有名的一段故事是，1999 年 12 月 31 日，《人间四月天》拍完，还未大火的他和周迅去台湾一个偏远的小镇宣传，千禧年夜里回程的路上，两人在一辆小面包车上，广播里说"跨越千禧年的时候你跟谁在一起，你将和他一生纠缠不清"，很困的周迅一下子醒了，"她就冲着我笑，她说咱俩纠缠不清，我说不会吧，咱俩，二、一，我们俩手拉着手，跨了一个千年。我说新年快乐，她说磊哥新年快乐。"

　　周迅完全不记得。她笑说："你说他是不是徐志摩？搞成这样。"

　　但她记得的是林徽因，从影至今，这依然是她至为欣赏和喜欢的角色。

　　"她是跟我差别特别大的一个角色。"她对我说，"但，因为我很喜欢她的生活，她很理智，而且她又保护那么多的文化上的东西，很善良，又大气，就是那种人。当时我还问我以前的经纪人，我说你确定让我演这个吗？我都不信自己能演，你想，我的表情是这样的！"时隔十几年的回忆，她一边笑，一边张大嘴。

这是一个演员，真的在用本性中真实的一面去揣摩角色时，才会有的反应。电视剧《人间四月天》之后，《苏州河》是周迅第一部挑大梁演出的电影，她不露痕迹的表演一下子就赢得了"巴黎国际电影节最佳女主角"的奖杯。一手挖掘出周迅大银幕魅力的娄烨当时评价说："一个天才的演员，通常都不是很清楚地知道，怎样去'表演'那个角色。而是，她本来就是那个角色。周迅是一个天才的演员。"

周迅在我提到乌尔善以小美人鱼作为小唯原型时想起了《苏州河》，因为在那里面，她饰演的也是美人鱼，涂着金色的眼影，游曳在城市夜的深处。"这是小时候我爸给我讲的故事，没想到后来那么有呼应。"她说，"小美人鱼的那种舍弃，就是自己化为泡沫，很悲伤，也很伟大。你想，谁的生命不是生命？她情愿牺牲自己，这很伟大了。"

没错，她理解她，因为她们都一样——这个世界上有那么多种奋斗的方式，她却偏偏选择了最单纯的那种——这样的选择，本身已经足够让人动容到自摸良心：你怎么忍心伤害和责备，或是打碎、砸碎、撞碎、踩碎她现实中的人生呢？

当年 2014 年 10 月刊《时尚芭莎》杂志内页、访后留影，一件无法从纸页传递的趣事是，因为我和周迅的嗓音类似，一旁的工作人员都快听不下去了，埋怨我们"越聊越低"。

2

　　曾经一度，周迅被认为是入戏太深，以至牺牲自我、透支生活的典型。爱情——也是其中被命运捉弄的一部分。

　　但当每个人都认为她是脆弱的，如今看她却是最坚强的一个存在。从《苏州河》《画皮》到《撒娇女人最好命》，就像是从小美人鱼变成人形，从小女孩成长为女人的必经历程。她也许是脆弱——但她不会允许自己一直这样脆弱下去——就像美人鱼的生存法则一样，如何永生？答案是求得一个灵魂。

　　演戏就是周迅找到的灵魂。

　　没有人比导演更能对此深有体会。周迅的单纯与入戏，总能在最短时间内与导演建立起最大程度的信任感。

　　作为业内以对演员有极高要求、且以控制力著称的编剧导演，曹保平回忆起《李米的猜想》让外号"周一条"的周迅多条难过的"对她是一个噩梦"的一场戏。那是一个很复杂、耗费人力设备等极多的移动拍摄，周迅饰演的李米要从长长的天桥上追随邓超饰演的方文到马路上，边哭边倾诉四年的追寻与爱恋。"第一条录音没录上，后来她就找不到那个劲儿了，拍了四五条都越来越苍白。当天撤了，过几天再来，还是拍不到。"曹保平说，"演员的压力其实挺大的，全组，几十辆车，哗哗哗，都开到那儿，就为了一场戏，所有人都准备好，结果没拍到。她自己还在天桥那儿撞栏杆，直说'为什么'，急，真的是很痛苦。"

　　他们最后的解决方案是，他陪她蹲在马路牙子上，在一个大伞下面一直抽烟。"陪着她聊，陪她抽烟，听她说……也不知道是第四次还是第五次，戏过了。"

　　但周迅的单纯也会带来另一种表演上的麻烦——和一般演员与导演对演技上收或放的争执不太一样，周迅的偏执，多集中在观点理解上的争执，"说白了，就是价值观。"

　　曹保平还记得另一场戏，李米要去监狱里看王宝强饰演的毒贩，骗他说自己找到了他苦觅多年的恋人，以帮助张涵予饰演的警察审讯案情。周迅拒绝演出这场欺骗。"她认为李米不会选择骗，她自己在这种情况下也不会，绕来绕去就是要和你掰扯这个，掰扯到最后你就真的都想踹她。"曹保平回忆说，"她就是不能够理解，欺骗有时候对人是一种最大的善意。"

　　"其实我本身也不是一个很会接触人的人。"周迅坦承，"但是这么多年来，我的工作其实又不太需要这部分。"

　　演员的工作不太需要接触人？这真是让人惊讶的观点。虽然很难想象，一个心性复杂之人，会在镜头前纯粹——但江湖人心的复杂，却不是仅凭一己之力的单纯能够抵御——"周迅"这样一种个性样本在演艺圈之所以能够存在，绝不仅是因为单纯吸引单纯，而是向往单纯的人，从团队到喜爱她的人，都愿意为她筑起一堵尽可能让其免受伤害的围墙。这其中，有合作过的导演曹保平，新任经纪人陈辉虹，一直以来的导师陈国富。

只有在强大如他们的面前，她可以完全做一个把自己安全交付出去的小女孩。

拍片间隙，她甩掉了高跟鞋，一边把赤着的刚修过指甲的脚跷起到片场斑驳的墙上，一边扭头和陈辉虹聊天。又一会儿，她说她累了，要上楼睡一会儿。

她像只猫蜷起在椅子上，好像在片场，坐在导演椅的后面，抱着一个大大的枕头，把小小的脸埋在其中。我想起这次采访中的导演、摄影师乃至场工们一致告诉我的：片场睡觉，周迅是个熟练工。

如今亲眼所见。她好像曾经的美人鱼或是小狐狸收起了她的尾巴，是最初那个无忧无虑，沉睡在世外桃源或是深海的小女孩——她没有经历过人间的一切，爱恨情仇贪嗔痴，即便她此刻身披全世界最昂贵的华服之一，从胸口开始缀满彩色星星亮片的香奈儿长裙——全宇宙的星辰都好像落在了她的身上，为她这样一名仿似非人间的可人儿加持，送上最可人的祝福。

这样的一个女孩，总是需要保护的。

只是在爱情里，这样的屏障不容易碰到。或者说，不容易一直一直，如理想中如此，如最初般延续。

很难有爱情能得到所有人的祝福，但周迅几乎做到了。我在采访最后问她："戏里戏外，你都是一个勇敢的人吗？"

对这样措手不及、不在提纲上的问题，在场的所有人都不敢轻易回答，故而选择无言以对。只有她望向镜子里的自己，少女般嘟起刚涂好的、艳若桃花的嘴唇。"我……是吗？"那一瞬，房间里有一瞬的静默。

不答，就不会出现纰漏——正如不爱，就不会受到伤害。年岁渐长，我们都学会了徘徊在自己的银河之内，不偏离轨道，不坠入爱河——但难道，我们就没有过因此错过一个人，一个吻，一次心碎，甚至错过命运吗？没有错爱，哪来的人生？哪来的我们？哪来的现在？哪来的将来？

这短暂静默的一刻，命运的金线闪闪发光，勾勒出她的剪影——她身披的一切，明星，演员，是荣耀也是重负。这未必是她最初主动选择的命运，就像小美人鱼，也不过是想选择王子和爱情，不曾想是选择了不得不变成人形的毒药，直至最后牺牲自己才得到一颗永生的魂灵。

但她无疑是勇敢的。她的人生，已然像她最初在《苏州河》里所演的小美人鱼，以及之后所演的很多人物一样，是活在试错所得到的"例外"里的。这个世界上的勇敢有很多种，而不自知的勇敢，大约是在最初就选择了单纯——单纯借由演戏得来的灵魂去了解，或者不那么了解地，永远直面这个世界。

（原文刊于《时尚芭莎》2014 年 10 月刊，本文有补充改动）

如果这就是生活 7

咖啡在慢慢冷却 我们都没注意到 / 时间计算心就
突然你给了我拥抱
如何是好 我 骄傲的沉着 带去了
如果这就是生活
我还在 奢望什么 / 看着你的眼睛 听到你说
爱要赤裸裸
我们再热烈一些吧
你说你很有把握
我们不会错过 最美丽的 窗外夕阳如火
习惯提前你一秒 走完家门口的街道 / 藏起你的外套
把分开的时间忘掉
心里在笑 我的
犹豫和烦恼不见了 / 如果这就是生活
我还在奢望什么
看着你的眼睛
听到你说 爱要赤裸裸
我们再热烈一些吧
你说你很有把握
我们不会错过 最美丽的 窗外夕阳如火
如果这就是生活 我还在奢望什么 / 看着你的眼睛
听到你说 爱要赤裸裸
我们再热一些吧 你说你很有把握
我们不会错过 最美丽的 窗外夕阳如火

* "感谢老周不稳定的状态，使得此曲儿重见天日。"

词曲
火星电台
编曲
火星电台
Programming
曾宇
Acoustic & Electric
Guitars
曾宇
Bass
南瓜（秦谋圣）
Background Vocals
刘芳 樊竹青 张伟

给:丁天
祝你平安.秋川!
周迟
2014

自持

要坚持自我，不要随波逐流。

——倪妮

她与我

　　和倪妮结缘是因为探班和拍片《匆匆那年》，但真正做封面和深谈，却是在认识了挺久之后——其实，我对她只有一个终极问题：

　　一个甫一出道就因为成名作电影带着强烈烙印的女孩儿，她是如何走到今天这一步的？

　　答案或许是：每个人最终要挑战的，终究都是自己。

　　封面采拍前一天，倪妮刚从巴黎的高定秀场上回来。

　　宣传照里，她亲自挑选了一袭 Dior2016 早春度假系列的红裙，这袭极简而热烈的红裙让我最先想起的是她之前的电影《匆匆那年》里的收尾——在那个美妙绝伦的镜头里，倪妮饰演的方茴不再是曾经清汤挂耳、白衣白鞋的少女，成熟重生了的她在逆光里回望向身后的镜头，长发如同曾经肆意流淌过的爱意在耳边翻飞，《圣经》里说"爱如捕风"，她也的确在故事里失去了她的爱人，但她从眼睛到嘴角，却始终在微笑。"现在的季节，巴黎的白天，时间总是很长，天气老是阴雨。所以我们就一直在等，等等等，等一个好天气，等云能够散，等雨能够散，到最后终于可以把这个镜头给完成，还是挺波折的。"倪妮回忆道，顿了一顿又说，"我觉得，红色，是爱。"

或许，爱情总会让人重生，哪怕暂时是失去爱情。"失去其实并不代表什么，相对于生命来说，这些东西微不足道——人，最重要的是，你脚下每一步的选择。"她曾这样说。而据《新娘大作战》导演陈国辉说，里面倪妮最感动他的戏，是她拉着朱亚文的手倒数十三，女方向男方求婚说"你不讲话就代表你答应跟我结婚了"，"他们改了台词，演的方法跟剧本完全不一样，但是很感动，我觉得倪妮真的感动了，他们最后哭成了一团。"这让我轻易想起了一年前，**她曾拿着我的书，看着书名对我说："我也是一个脾气挺倔强的人。我理想中的爱情啊，就是简单的，不要有太多纷纷繁繁的事情发生，我希望它能长一点，不要太轰轰烈烈。"**

在正式的采访中，你很容易发现倪妮是一个柔中带刚的人，拥有一个自持之人才会有的坚定眼神。此外，她有一张完全符合时尚圈审美与做派的脸：乍看柔媚、实则高冷，自带风情的撩拨抬眼，每一个随手的动作都可随时成为被抓拍的灵感。镁光灯下，亲眼注目她那张被所有人精心呵护的小脸，你一点也不会奇怪，她当初为什么会成为张艺谋《金陵十三钗》里的头牌。这样非选秀、非喜剧、非小荧屏的高门槛出身，再加上别的女明星未必具备的说话不易出错、英文直接交流的能力，倪妮要在时尚圈不红，也难。

但以我的目力所及，"谋女郎"出身的倪妮，却绝不是观者想当然的，像圈中处处可见的《红与黑》情节那般"于连式"的女孩——即便某种程度上是，那也是一条与自己作战的辛苦之路。

　　这么说吧，这一条血路，沉静、妩媚与智慧，缺一不可。我第一次见她，是在《匆匆那年》的拍片现场，深夜的首经贸大学校园，她带着刚洗过头的清新香气，掀开导演帐篷的一角进来静静等待，外面彭于晏在人工降雨里跑了不止五遍；第二次见，是给时尚杂志拍片，她身着很难驾驭的裙子，踩在咯吱作响的木箱上，在摄影师的要求下一再弯下腰去；再然后都是匆匆一见，一次是在电影院门口撞见，我惊讶地发现她完全素着颜，静静等待一场电影的开场，另一次则是在尤伦斯当代艺术中心的"Miss Dior 迪奥小姐展览"上，她身着品牌新款，浓妆高跟加身，免不了被前拥后簇、众星捧月，她并不忌讳向我和另一些朋友伸出双臂，给出拥抱，在合影时主动俯下身去——至于这一次，在比平日更漫长和缓慢的拍片过程的间隙，我几次看到她眯起那双眼角被长长勾勒上扬的妙目，是看上去像猫咪一样慵懒的美感，但真相是，其实她时差还远未倒过来，因为晕车而身体不适，工作却早已排满，一个个都需要她到场实现，不可更改。

　　其实时尚与明星一样，都该未必是浅薄的。在这些看似光鲜的圈子里摸爬滚打，更需要被教会的事是：你以为一个出身优越的人就不需要努力、就活得容易了吗？

　　不，她依然需要证明的，甚至比一般人更需要证明自己。

MY WAY 29+1 | 29+1 种相遇方式   / 36 /

要坚持自我，不要随波逐流

1

演戏，肯定是自持的倪妮证明自己的主要方式之一。

《新娘大作战》最引人注目的，从宣传海报到电影情节，无疑是两个当红美女明星倪妮和 Angelababy 的"开撕"——尤其是，当她们指向的是完全不同的美的类型。

在这个美的特权愈演愈烈的世界，倪妮的反应却有些后知后觉。她不觉得自己在《新娘大作战》里饰演的向男友主动求嫁的马丽，其泼辣任性是源于"天生丽质难自弃"。"我觉得不是因为她太美丽吧，可能从小她的闺蜜（Angelababy 饰）都是让着她的，所以就慢慢慢慢养成，她好像唯我独尊的这样一个感觉。"

"不是生活当中通常都是美女比较霸道吗，因为美女，不管是对男人，还是对这个世界，都有一些特权？"

"不知道啊。"

"你从小就是美女吗？"

"谁告诉你的。"她笑。

很少有人能想到，如今风情万种的倪妮是个练体育出身的女孩儿，曾经是国家二级游泳运动员。"我们学校，南京九中的男篮是比较有名的，但我那会儿练的是游泳——学生时代时的身高已经165厘米以上了，体重差不多120多斤，显得特别健壮。"她在《匆匆那年》宣传期受访时曾经说，"练体育的女孩儿，可能都不会是太细腻的，我不是方茴那一型。"

　　如今她更觉得，"霸道也好，温婉也好，只要够自信，坐在那里很坦然、很自然，就是美——自信，是做了充分的准备。"

　　美是这样，人生也是如此。倪妮回想起自己第一次被人称赞说美，还是在"小娃娃的时候"，因为练跳舞。这样的成长经历，练舞、练体育……或许已经注定了倪妮追求"美"的方式不是别的，而是挑战自己、突破局限、完成累积。

　　《新娘大作战》，是倪妮第一次挑战喜剧。"其实刚刚开始的时候，我会觉得很困难，这个戏跟《匆匆那年》是无缝的对接，而且我也不知道喜剧该怎么演，特别放不开，导演对刚开始几段戏也不是很满意。"倪妮坦陈，"还好后来，导演给了我时间。"

　　《新娘大作战》的导演陈国辉肯定了这一说法。"我记得第二天的时候，拍一场很简单的戏，她坐在沙发上面不动，不动很久，好像有十五、二十分钟——后来她说她那时觉得是不是我来错了地方？是不是我演这个很不好看？后来我说你慢慢来，我们再来，拍几条，我就叫她来看回放。"他说，"她是很需要沟通和鼓励的演员。"

　　女人味、温柔、慢热，是外形柔美如倪妮容易给人留下的第一印象，也和其出道的成名作《金陵十三钗》不无关系。

　　不可否认的是，因为《金陵十三钗》的巨大影响力和后坐力，倪妮有了一个有别于绝大多数年轻女艺人的开始。

　　秘藏三年的培训，磨炼的是演技，也是等待的定力。当时的培训老师刘天池透露说，倪妮一开始也并不知道自己即将饰演的是戏份最重、关乎全戏的玉墨，"刚开始大家的机会都是均等的，直到培训快结束才知道。"张艺谋也曾直言"秘密培训倪妮其实是一场赌博，当时孤注一掷，玉墨的候选人只有倪妮一人，我保留否决权——一旦她在开机前不能达到要求，电影就会崩盘、垮掉，后果不堪设想。我对倪妮说最后我可能还不用你，你愿意做你就挺下去，她就一直坚持下去，一直到开机前。"而在此之前的培训里，包括打麻将、找乐感，甚至抽烟的姿势……刘天池对倪妮"很懂得如何去展示自己身体漂亮的一面"印象深刻，但张艺谋显然更具备火眼金睛，"倪妮最大的自身优势是，她的内心够稳定，而且她有自信。"

　　但如今倪妮回忆起《金陵十三钗》，清晰如昨的是自己当时的"战战兢兢"。

　　最难忘的莫过于一场玉墨和约翰坐在楼梯上，她向他讲述自己不幸身世的戏——哭戏，对任何新人演员，都是巨大的挑战。"为了情绪到位，我头一天还专门看了《廊桥遗梦》，哭得稀里哗啦，第二天眼睛都是肿的……但到了实拍的时候，我就是哭不出来。"她说，"最终是生活老师跟我说，倪妮你看，所有人都等着你，你觉得自己委屈是吗？你难道就只有这点能力吗？这一句话，让我的眼泪刷地就流下来了。"

事实上，倪妮与贝尔，还有一段背后只有他们自己知道的往事。

"拍《十三钗》的时候，导演要求我减肥，因为他觉得脸上镜还是有点胖了，然后我就不怎么吃东西了——正好那一天，贝尔刚从美国过来，我们整个大组都在酒店，在剪辑室里吃火锅，各自介绍了一下，然后他就看我不怎么吃东西，他说你不吃啊，我说我减肥，他就说 why，他很不明白为什么。后来他就跟我说，你要珍惜你有 babyface 的这个时光。"

在后来的发布会上，这个在好莱坞摸爬滚打多年的英伦老戏骨克里斯蒂安·贝尔再次对这个"可爱的女孩儿"一再强调并寄语：你要坚持自我，不要随波逐流。

2014 年《时尚芭莎》之电影《匆匆那年》特辑，这是我和倪妮的初识，我拿了我的书给她做拍摄道具，事实上，她对书籍的选择和阅读的理解非常特别。

2

　　如今的倪妮已然可以给出自己的答卷。"刚出来的那一两年，就是不停地都会有人说，谋女郎，谋女郎。"她说，"但我想说，我觉得封号，就只是一个封号而已——路是靠你自己走的，光环会淡去，但是你脚下脚踏实地走出来的路，它永远在那里。"

　　时尚圈中人都会对倪妮早年的一则SK-II广告印象深刻，这并不是一件容易的事——事实上，这场漂亮的时尚仗也很难说与演技无关——在那则广告里，她在展现一系列女性的柔美之姿后，倏然回首直视镜头，剑眉星目，仿若有杀气在眼中一闪而过，与之匹配的台词是："很想说，不只靠年轻"。

　　"那个是我特别特别早拍的广告了，现在回过头去看的时候，还会觉得这个广告自己当时会有点做作，因为那是我第一个广告，也是第一次在香港拍广告，所以刚开始接触的时候，还是有点拿捏不准。讲那句话时的气势，因为是那么要求的。"

　　"是因为他们看到了你内心的一种力量和潜力吧，才会提出这样的要求——我不知道你这种比真实年龄早熟一点的镇定是从哪儿来的，会不会可能是家庭原因或是成长背景，你自己觉得呢？"

　　"嗯，可能，不知道。"她笑，"我是一个普通家庭的女孩。"

　　"不只靠年轻"还言犹在耳，但她其实是一个年轻得出乎大多数人，包括很多导演意料之外的85后女孩。

　　高门槛的《金陵十三钗》之后，倪妮迎来了漫长而艰难的突围、等待和选角过程——整整两年，四部大银幕作品，她和团队拒绝了数个与玉墨相仿的"成熟妖媚、风情万种"的角色，最终让倪妮走出那个人们眼中秦淮河边旗袍女子之凛冽妖娆印象的，是滕华涛的《等风来》里为梦想而战斗的小白领程羽蒙，更是张一白的"青春大片"《匆匆那年》里为爱情而执着的高中生方茴。

　　而对倪妮而言，与《金陵十三钗》时不同，"哭戏"对她已经不是挑战，而是加分项，"《等风来》最打动人的两场哭戏，连拍十天，我哭了六天。"

　　只有素颜去见导演的习惯，从《金陵十三钗》开始被一直延续了下来，哪怕成名之后，倪妮也没有改变。

　　"一方面，我希望导演能够看到我这个演员身上更多的可能性。"她说，"另一方面，我觉得导演如果觉得你合适，不是因为他看到你有多美，可能是觉得你身上的某些东西跟这个人物像，所以我觉得我还是愿意把自己原来的样子给出来——那天见大白导演，也是说了很多我上学时候的一些事情。我一直特别想演一个青春题材的电影，觉得如果自己再不演的话，可能就过了这个年纪，演不了啦！"

　　"我确实也挺佩服张艺谋，就倪妮那个样子，他能看出个秦淮歌伎。"张一白回忆说，"是别人的推荐，当时其实也挺排斥的，但见到了素颜的倪妮之后，我就没有再考虑别人了。"但事实上，饰演内向的方茴对狮子座的直来直往的倪妮依然是一个很大的挑战。"她是体验派的表演。"张一白总结并回忆说，"有好几场戏，比如说有一次在雪地里，当时是冬天，我们先拍他们俩分手之后的那场戏，到下雪的校园里找到曾经写过的'我们永远在一起'的那棵树，那时我们还没拍之前的戏份——我就看她自己在那儿嘟囔她跟陈寻的整个情感过程。我觉得这孩子怎么那么笨啊？要是现在让她演个老太太，不得等到好多年她才能演到那个角色？"

张一白最后"对付"倪妮的两大方法是：一是让其补片看；二是让其喝大酒。"有一场戏是，高中同学在大学里重聚，时过境迁，一方的爱已改变，但我特别痛苦地想跟陈寻求和，那场戏因为天气等种种原因，戏剧性地拍了21个小时。"倪妮回忆说，"当时喝完之后，一遍遍说那些词，我在座位上哭了好久，就是收不住那个情绪——她和他有感情，而当时我和拍戏的大家也有感情，熟悉又尴尬，就觉得特别难受，很心痛——先是拍哭，哭得不行，后来又喝大，喝大了之后又吐，吐完之后又睡，睡完之后继续拍……"

九夜茴在见到定完妆、短发扣边的"方茴头"倪妮后曾写道："我想我明白了一件事，为什么大家都喜欢看青春片呢？大概是因为，我们总期待一个瞬间，遇见我们自己。"

事实上，表演对非科班出身、外现的性格特质也远不如饰演的角色刚烈的倪妮而言，也是同样的意义——见自己。

"我觉得对我来说，什么派都无所谓，最重要的是找到适合你自己表演的方式。"倪妮很喜欢乌塔·哈根的《尊重表演艺术》一书，"这本书让我感受最深的就是：不只要'让你自己消失'，还要'找到自己'——其实我觉得我对这番话的理解就是，让自己成为这个角色当中的自我。"

会出乎很多人意料的是，如果不做演员，倪妮会选择的职业是"摄影师"。"我觉得这是个很自由的职业。"言至此，她在拍片现场环顾四周，展现出她那双著名的"微笑的眼睛"里的笑靥，"可能真正做摄影师的各位老师们，他们不这么想。"

这让我想起，她曾说自己很喜欢在三毛《撒哈拉岁月》一书里读到的，摘自《圣经》的那句话：你们要像小孩子，才能进天国，因为天堂是他们的。如今提及，"我那段时间就好像极度渴望过得随性一些，希望自己能活得像孩子一样自由。"

"自由对你来说很重要吗？"

"我觉得很重要。不光好像是身体上的自由，更多是精神世界的自由。"喜欢"跟着角色一起成长"的倪妮，在吕克·贝松监制的3D动作奇幻电影《勇士之门》里圆梦"打女"，"从一个什么都不懂的小朋友，然后练到盖世武功——那种成就感，很好。"

"我觉得任何一个人，专注于自己的事情、事业，努力、勤奋、坚持、勤劳，那在他的生活，在他的领域，他就是一个勇士。"

也许，就像倪妮热爱的RPG游戏，对她，以及其实每一个人而言，人生都是不断打怪兽的升级战，一个女人的人生，更不该只是"新娘大作战"。

我祝福她。

（原文刊于《大众电影》2015 年 7 月刊，本文有补充改动）

勇敢

勇敢奋斗如斯，难得天真尚存。

——王珞丹

她与我

　　和别的女明星不同，王珞丹往往不在经纪、宣传、助理等人的层层包围中，而是以她 1.7 米个头的长手长脚，会率先打头阵冲进门——我采拍她当日便是如此，尽管之前完全未曾见过。

　　对我来说，这是一个非常增加好感度的开始。和最初的短发形象不同，脱胎换骨般的一头微卷及肩棕色长发，让人轻易想起她在《后会无期》中饰演的苏米，尽管是"仙人跳"的成员之一，但那一回首的眼波流转，盛满了她原不想欺骗这个世界的善意。

　　已悄过而立之年的王珞丹天生有一张天真的脸——她的天真在她跨进门槛猝不及防的蹦跳中一览无余，而她的眼睛，也一览无余地看着这个世界，仿佛世界全无恶意，而她依然充满了新生婴儿般的好奇。

　　这一天，王珞丹早上八点就开工了，此时是午后三点，七点她还有飞机要赶。"如果结束得早，我能不能找个地方去洗头啊？"她在化妆间和她的宣传人员商量，噘嘴甩发的姿态让她看起来像个让人愿意宠溺的孩子，"都是发胶。""累死老衲了"是王珞丹的口头禅之一，但她在拍片全程中的活泼还是让人印象深刻——让人印象深刻的还有她猝不及防的坦诚，当我把采访大纲递给她时，她挥挥手爽快地说："不用，这是你们的工作。"她随即清澈地、一览无余地看向我，"对我，都可以问。"

采访过后不出一周，我就收到了她和她的团队寄来的"王珞丹套票"——2015 年下半年，可以说是王珞丹的大银幕丰收季——蓝、红、黄三色，正面应景地印着励志运动电影之《破风》、小妞悬疑电影之《宅女侦探桂香》和犯罪剧情电影之《烈日灼心》的三个片名，背后则是一句天真可爱如小朋友涂鸦的文案：这个暑假，和我一起"承包男神"吧！这是俏皮，也是自信——真正自信的人，在一个自我认定有价值的电影里不会在意自己究竟是主角配角，在生活里也不会在意是否所有人都在围绕自己转——问她"今年以及以后是否一直都将转战大银幕"，她的答案却很让人凛冽一颤："因为没有接到好的电视剧本，我真的不愿意承认这个事情。"

或许，天真与凛冽，一直是典型水瓶座女王珞丹对待世界的一贯方式——或许更是因为，**要取悦和赢得大众，还是更想收获自己所爱与在意之人的认可——这始终是身为当红女演员需要勇敢面对的问题。**

8 月 7 日，《破风》上映前夕的深夜，王珞丹发表长微博《一个女演员的自我修理》回应和另一个同类型女演员长年累下的争议，其中描述道："科班出身、毕业出道、年纪轻轻开始职业生涯，也都没有经历过太多的磨砺就享有了名声，比起许多演员，我们算是幸运。但那些该吃的苦、该受的累、该扛的压、该忍的痛，我相信我们并不见得比别人少经历、少体会，风光背后都有血泪，我们各自走到今天，都绝非侥幸……没有骄傲的人会愿意和另外一个人在台面上被人比来比去，这其中的无奈和不甘，与红不红无关，与自我的要求有关。"

在《破风》中，王珞丹饰演的场地赛单车手至少回答了这样一个问题：什么样的女孩儿可以在这样雄性气质浓烈的运动戏里担纲感情戏份？答案是：清澈、勇敢、天真——女人最难得亦最有杀伤力的美莫过于——奋斗如斯，天真尚存。

事实上，《破风》里短发白衣的形象回归，很容易让人想起让王珞丹昔日一举成名的角色，电视剧《奋斗》中的米莱。"我觉得每个演员的路是不一样的，我是一不小心把商业打开了，但好在商业没有那么泛滥，气质还在，能够坚持自己喜欢的东西的气性还在。"如今面对我的追问，回首来时路的王珞丹说。

如果不足够接近，观者不会知晓——王珞丹的左耳有耳洞，右边没有——你可以说这是叛逆，也可以说是尝试的遗迹，正如勇敢与天真，在她身上奇迹般地得以并存与平衡。

女人的勇敢之美，不是每个男人都懂得和欣赏。

先商业，后文艺——这是王珞丹的幸运，但我觉得她超越"小妞"形象的故事更大的意义在于：一个人爆红，一定有其理由，但也有偶然——只有大红后选择的路，和她对待世界的方式，才能真正体现她是一个怎样的人。

王珞丹，她选择了一条毫不易走的勇敢者的道路。

那又怎么样呢？钱不是一切，电影的希望应该在这里。

勇敢奋斗如斯，难得天真尚存

1

　　对于一个有自我、理智大过情感的水瓶座女演员而言，"演戏"这件事情的挑战在于：一方面，她要能够"忘我"地在一个个角色中实现理想中的自我、现实中的不可能；另一方面，她需要极力保护自己真正的"自我"，不被一个个角色消解。

　　对《烈日灼心》中伊谷夏一角，王珞丹曾在微博上如此热烈表白："你有的我都有，我有的你却不一定有，我爱你那么像我，我爱我可以成为你：追求刺激、一根筋、人性、神经质、莽撞、直接、叛逆、占有欲、执着、敏感、机灵、心思缜密、利索、为爱痴狂。"

　　"这个角色几乎是她向我'追'来的。"导演曹保平对我回忆说，"当时她不知通过什么渠道看到了剧本，她特别喜欢这个角色，特别惦记，念念不忘，经常会问一嘴……我记得她追逐这个角色差不多有半年多的时间，一直希望能演。我一直没有明确地给答复，整个戏里就需要一个女演员，而一个肯钻研、有热情，相对单纯和天真的又的确不好找，所以最后我决定就用她了。"

　　一个因为无意间的狭路相逢，爱上亡命之徒，又恰巧为追查此案的警察亲妹妹的年轻女孩儿——这是伊谷夏最直观的角色描述，在曹保平的设定中是"全片担纲温情的部分"，但在表达爱情的方式上伊谷夏却毫不温情，在面对所爱之人的逃避、退缩乃至拒绝时，她选择了用身体试探的"验情"方式——这就带来了王珞丹从业以来的最大尺度挑战：裸背。这是一场厦门水库边上演的全片情感的高潮戏分之一，背对镜头的王珞丹露出腰部以上的全部肌肤。

"丹丹是一个还挺磊落的人，就好多事她其实也能认清，而且也敢说，我觉得她其实是有一点没有打开。"曹保平坦言这场戏拍了三条，也想过还要重拍，"其实所谓'解放天性'，这是演员必过的一个分水岭——你作为一个表演者，和普通人不一样的就是，要在常态上没有那么多的顾忌，就是你退回到一个普通人的状态，你会有基本的羞涩，基本的禁忌，在乎别人的眼光或者看法，这是我们每一个普通人的常态——但你进入你自己认知的那个表演世界里，就必须是忘我的。"

正如曹保平所言："那次拍完以后，我觉得对她表演的触动挺大的"。"曹保平导演，我觉得是挺恐怖的一个导演——把心掏给他是没有用的，你要把心、肝、脾、肺、肾全都掏给他，就是他需要演员不断给予这个角色东西，压榨的方式还都比较可怕，但是这样往往出来的角色就真的能够直打到观众的心里——这个是跟他合作之初我就知道的，所以我那么期待跟他合作。"王珞丹回忆说，"当你达不到这个角色、达不到那个状态的时候，你其实挺苦恼的，但当你一下子打开了那一扇门的时候，你才发现前面所有受过的心灵上的苦难，都是值得的。"

总有某些人，可以透过表象的天真与简单，看到她骨子里的勇敢与改变之心——某种程度上，这成就了她的另一些角色。

电影《破风》的导演林超贤第一次在香港见到王珞丹，觉得她看似柔弱，但"有点运动员的气质"。王珞丹追问"那是一种什么样的气质"，他说："就是那种，你能够在赛场上，在她眼睛里看到一些凛冽的东西。"

上：电影《消失的爱人》首映，和导演黄真真一起后台留影。

下：专访后留影，这是同事从侧面用手机抓拍的。王珞丹身上穿的是当天拍摄的最后一套造型，是我特意为她选的，因为我觉得没有谁比她更能诠释运动让人凛冽的美丽了。

2

　　在我与导演及其朋友的交流中，得到对王珞丹评价最多的形容词是：简单。

　　"演艺这个圈子，本身可能就是是非之地，各种各样的说法都会有，但是就我跟她的接触而言，我挺喜欢她的，我觉得她很努力，而且也没有那么多的事儿。"《烈日灼心》的导演曹保平笑言，"我们拍了这么长时间，一百多天，永远都是她配合我们的时间，没有她的戏她也会在剧组里待着，她自己还会在屋里画画小画、写写字什么的，挺简单干净的一个人儿。"他不知道，王珞丹从2004年拍第二部戏起，就开始做表演笔记。"我其实是有疑问的，我更需要的是新鲜感——但演员本身就是要去适应不同的导演，不能让导演去适应你。"她坦承。

　　"《宅女侦探桂香》里的这个角色，就是要找一个智商比情商高、说话直接、扮相还不能俗的大陆女孩子——选角很久，最后花落王珞丹。"在金马电影节上结识的台湾知名制片人和发行商黄茂昌曾这样告诉我。他不知道，现实中的王珞丹与桂香的确有着很高的重合度。"我确实是非黑即白、比较简单，而且比较宅，能够用微信去沟通的事情我都不大去打电话。"她坦言。

　　"丹丹好爽气、好可爱，非常有童真，平时跟她吃饭、聊天特别舒服，你还是觉得有一个小朋友在她身体里面。"《消失的爱人》一片的香港导演黄真真大笑说，"有一场戏是她回来了，老公在煮菜，她要过去抱他的戏，我看她就站在那边拼命想要怎么做——肯定在生活当中是没有做过吧！"她不知道，男主角黎明是王珞丹曾经的偶像之一。"我怎么可以把我偶像当作我丈夫，我很怕——不过通过这部戏，我现在掌握了很多爱情技能！"她坦白。

在女演员人人在意的"美"这件事情上，王珞丹的想法同样简单直接。

"作为一个女演员，你觉得自己漂亮吗？"

"仁者见仁，智者见智吧。"

"有一个玩笑，网上盛传你说过的一句话——像我这么不漂亮的女演员也能红，真是一个奇迹。"

"因为其实大家对于女演员，首先第一点就是要漂亮——漂亮就是特权，有的人可以先用脸去打开局面，有的人就要用漫长的时间让别人认可演技，但两者同样都会走得很长，你没得选，因为很多东西是天生注定的。"

的确，成就她的与其说是美，毋宁说是一些有关"勇敢"的东西。

为了出演导演口中"凛冽"的场地赛单车手黄诗瑶，王珞丹"做了所有男生应该去做的一切"，除了跟剧组 1 对 1 体能训练 2 小时，每天在专业自行车场馆骑行将近 3 小时、超过 280 圈、一周总距离 500 公里以上外，还在北京自行跟国家队绕环路加训一周，硬生生地瘦了 8 斤，并练出了马甲线，"以前拍连续的哭戏，我会有一点心有余而力不足，而现在我觉得其实演戏需要的爆发力可以在运动中获取一点灵感。"

同样循环往复下苦功的练习，在王珞丹出道之初饰演电视剧《奋斗》中的米莱时也有过。为了这个富家女的角色，接长头发只是表象，练习台词才是至今回想依然严酷的内功。"剧本边写边拍，前三集就出国，出国后又回来窥视陆涛……刚入行就碰上宝刚导演的这一场'炼狱'，他希望我们说的是新北京话，不是老北京胡同串子，对台词要求很高，还要说得很快——每天我都在房间念报纸，录下来自己听。"她回忆说，"我记得《奋斗》的剧本上我标了好多点，这个点就代表逻辑重音，而我偏偏有好多词，一说就四五行，或者将近一页纸。"

"说实话，我这六七年一直在拒绝过于米莱式的角色。《男人帮》的莫小闵可能是我演过的唯一爱情观没有那么认同的一个角色——她是因为失去自我，在重新寻找自我的过程中丢掉了很好的一个男人。"王珞丹如此说，"很多角色就是这样，演完之后，才会真正理解。"

莫小闵这个角色是在拍《男人帮》时，对戏的孙红雷"看到她的努力，觉得她很优秀"，然后一手推荐的结果。在他的建议下，王珞丹勇敢决定弃演原定要演的、类似米莱和钱小样那样敢爱敢恨的小妞角色阿芊，而去扮演一个颠覆以往的女孩形象。

在编剧唐浚的口中，那是一个全剧里"定海神针般的角色"，"最接近现实生活中爱情表现的女孩儿，有很强的自我保护意识，是自私的、作的。"而又因为对王珞丹的"一种直觉般的"了解，他"有如神助"地加了很多王珞丹自己都认同的搞笑之举，如一秒钟变企鹅内八字走路逗乐男友，"拿到剧本时她都惊了，连声问我，你怎么知道我会那样干？""通过莫小闵这个角色挖掘了她的一些潜力，我还是挺高兴的。"唐浚说，"不过最重要的是，王珞丹自己想改变。她很水瓶，很飞，很聪明。"

但无论是《奋斗》还是《男人帮》，都不及我喜欢的另一个情境下的她。

2015 年 7 月末最后一天，电影宣传月开始前的王珞丹，像很多执着的普通女孩儿一样坐在剧院里，重温孟京辉第三度演的戏剧《琥珀》，五年前，她正是那个舞台上让演对手戏的刘烨泪流满面的小优——她曾经拒绝出演，但终究没能扛住孟京辉的邀约——他彻底改变了她的表演思路："孟京辉告诉我，你不能单纯为了粉丝去演戏，你要去达到你心目中的自己的位置。"无论如何，更众所周知的是，他和夫人廖一梅塑造的舞台角色和偏爱的女演员，如袁泉、吴越和郝蕾，灵魂底色都是著名的文艺、清澈和凛冽、勇敢。

"这些年，从小荧屏到大银幕，两种表演方式其实是不同的——演戏就像在做一个化学实验，多一点少一点都是不对的，'分寸感'三个字很重要。"这些年，被很多人选中过的女演员王珞丹说，"而在话剧舞台上，你的脚就是你的眼睛——其实我一直还很想复排《琥珀》，我会觉得，以我现在的经历，虽然我也没有经历过什么大悲大喜，但我在很多同样的台词和表演上，会有不同的处理方式，如果不是因为时间，我很想尝试。"

我相信，彼刻重温《琥珀》的她，会在台下用心默念出如下她最爱的台词，那几乎，也是所有年岁渐长、天真尚存的人的自问与自省——所幸，我们都应该相信，世间万变，最重要莫过于，不离真我，不弃本心。

"如果你的灵魂住到了另一个身体，我还爱不爱你？

如果你的眉毛变了，眼睛变了，气息变了，声音变了，爱情是否还存在？

你说过会永远爱我，可是，我能只爱一个人的心吗？"

（原文刊于《大众电影》2015 年 8 月刊，本文有补充改动）

"我知道每个演员的路是不一样的，我是一不小心把商业这打开了。但只在商业没有那么泛滥，气质还在，能够坚持自己喜欢的东西的气性还在。"如今面对我的追问，回首来时路的王珞丹说。

Harcourt

深 情

世间深情，莫过自知。

—— 舒淇

她与我

　　舒淇的采访约了很久，久到我都已经觉得，人生就是一场期待已久的约会那样，貌似漫长无尽的等待。

　　那个冬季京城的黄昏，尤其难熬。窗外，目力所及，就像《聂隐娘》里静到几乎不动的长镜头，看雪漫绿地、星星点点，看雾霭茫茫、宛若前程，看天慢慢地暗下来，连背后的猫都在不耐地叫唤。

　　在那个也许境遇相同的三十岁的黄昏里，舒淇在做什么呢？"我忘了，应该都在拍戏吧，反正我入行到现在好像都在拍戏吧。"年龄这回事大约就是这样，让一些原本觉得很重要、重要到难忘的一些事情，不知什么时候就已经不那么重要了。

　　电话那一头，她的声音悠远得像是从很远的地方飘过来——就像她的美的气场，总是像美人鱼那般从海面上懒洋洋地、冉冉地升腾起来。

　　事实上，无论远观或是近瞻，我都有一种强烈的感觉，普通时尚杂志红唇大眼的那套把戏根本不适合她。她利落又天真，眼神有可以扮演杀手的狠，声音里却有挥之不去的娇嗔，饱食人间烟火而不俗是舒淇特有的美感——她周身的气场就像是充满了金色的、易碎的香槟泡沫——让人轻易觉得，咄咄逼人地问她任何问题，都是不适合的。

　　其实本就如此：大多有关人生的问题，都应该问自己，而不是问他人。但无论如何，舒淇都是我三十而立之前采写的最后一篇女明星特稿，也是第一次，大部分的采访是在电话里完成的。必须承认，当年过三十，你也很难再对他人持有专注的兴趣，人们喜爱一部电影、一帧画面、一个明星——无非因为，她像某一部分曾经或当下的自己，或者理想中自己未来的样子。

　　当然，后来，我还是见到她了，或远或近地成了超越一点单纯媒体关系的朋友。我知道了她和我一样喜欢看卡通减压，真的很喜欢机器猫，不时地也会为电影落泪。她最喜欢的电影是《手札情缘》。"我特别喜欢，百看不厌……就那种老了之后，然后两个人可以在床上生死与共的感觉。我觉得生死与共就是爱情。"她用她特有的声音和语气说，"刻骨铭心啊，海枯石烂啊，这种词在现代啊，资讯那么发达，我觉得非常不适宜用……而那种永远在期待一个人归来的爱情就是特别美好的，特别朴实，但是觉得很美好这样子。"

　　我向来觉得，舒淇的最迷人之处，在于她有一张几乎能代表世间女人对男人最情深意重的脸庞——女人喜欢她，因为看到曾经对男人、对爱情深情的自己；男人喜欢她，却是因为她不曾因为爱情深刻地改变自己；女人爱她，因为她复杂——那不是人人敢和可企及的历经世事；男人爱她，却是因为她简单——复杂后还能够简单直接，如同爱情最初袭来的样子。

　　而在电影之外的舒淇，不止一人告诉过我，她是慢热、寡言的——对人

　　的接受有漫长的过程，同时本能地拒绝一切，"我不要"是她平日的口头禅之一，而她在这次采访里也亲口对我承认："如果真的做自己，很多时候我就不想讲话。"

　　这让面对她的时候，在很多短暂沉默的间隙，那些她主演的经典爱情电影的镜头有了更多不由自主地浮现在脑海的理由——我得承认，这个黄昏，我想到的最多的还是《玻璃之城》里的那个黄昏。有些电影换两个人演绎都不知道会怎么样，比如《心动》里的梁咏琪和金城武，《大话西游》里的朱茵和周星驰，而在《玻璃之城》里，永恒的是学生时代后重逢的舞会上，隔着烛光和歌声，舒淇回眸注视黎明，镜头定格在她娇俏的微微一笑里，但你无法忽略的是，她的眼中有无限唯有她才知道、绝不会向外人用言语道出的深情。

　　往事经年，无须提及。

　　另一种非圈内人不知的深情则是，很多电影，对她而言，接下完全是因为"情意"二字。"《聂隐娘》我答应侯导的时候，话说是7年前……《剩者为王》是华涛亲自拿给我看的本子，哪里知道他最后做了监制……《落跑吧，爱情》是小齐第一次当导演……都是那么久的交情，就不要讲年纪了！所以其实，对啊，就是这样……"另一边，舒淇身边的人在叫她：小姐，该去工作了。"对不起。"

　　女明星的累，是一种无处遁形，角色被揣度，必须要言语，肉身飞来飞去——有时看到她们，就像比照自己：在人生的很多时候，是没有选择的。人生如梦幻泡影，如露亦如电——弱水三千，当你足够强大，才可以只取你爱的那一瓢，强大并不意味着包揽与得到一切，而是甘心情愿地对值得的人和事承诺但未必明说的那三个字——我愿意。

　　事实上，人世间最难偿还的，就是这样的情意——最能生发出奇迹的，也是真正的情意。我想起，这次采访最终能够得以达成，和那个春天我孤身一人拖着箱子从广州去往香港不无关系，而我也终于理解了彼时她的多年挚友所说的，"她总是飞来飞去，太让人心疼了。"当我把关于"情意"的前半句配上一张不太多见的《玻璃之城》剧照发在了那天的朋友圈里后，曾经盛赞舒淇在《剩者为王》里自己给自己披上婚纱那段长独白戏份、深觉她正在"演戏巅峰状态"的滕华涛，第一个留言问我说：这是什么？

　　这是什么？其实——这真的——一言难尽啊。

　　就像我们对舒淇"深情"倾注的几多情意，她在电影里"自知"倾注的几多自己。

世间深情，莫过自知

1

　　这世间适合演侠女的女子并不多见——要主演大银幕上的侠女而不露怯，必须本质里有足够分量的义气与侠骨。

　　舒淇 2015 年一演就是两个——Shirley 杨和聂隐娘，都是看似冷酷，实则深情但不要对方领情的人物。

　　"相似,也不一样。聂隐娘她是属于比较内敛的,她算是一个悲剧人物吧，悲剧近年来我都不是很想接，但因为我那时候答应侯导，话说是 7 年前，结果他拖了那么久才拍，到他正式开拍的时候就隔了 5 年吧，然后拍就拍了 2 年。"舒淇自己这样解释说， "而 Shirley 杨是比较外放的，就是一个比较简单的女生。"

　　对舒淇这样颇具天赋的女演员而言，难的大约不是诠释悲剧或是奇幻、内敛或是外放,而是同一时期两个角色的状态切换。那年冬天在北京拍摄《寻龙诀》期间，舒淇曾被侯孝贤召唤回去补拍《聂隐娘》一整个礼拜， "这边是商业片，所有东西都往外面放；那边是艺术片，所有东西又都往里头收，现在一想起来，就是很累，很烦，这种感受是没办法讲清楚的……"她并不太愿意多回忆那时的事情。譬如，作为刺客的聂隐娘被威亚吊至房顶或树端，一站就是四五个小时，有一场每天凌晨 4 点从 4 米高的树上往下跳的戏，畏高的舒淇一连跳了四天才过，因为每天只有那个时刻，可以拍到太阳初升中的人影勾勒——因为信任，侯导不说，她便不问。

"这样说来，幸好还有 Shirley 杨。"舒淇如今回想起来说，"她很有自己的主见，然后会为自己发声，最后在生死关头的时候，她还会反过来去安慰胡八一，所以基本上我觉得，她是比较像男人，比较硬朗一点的女生。"

其实，即便脱离《寻龙诀》的摸金三人组身份，Shirley 杨也是一个光芒四射的现代派女性角色。我看完电影的观感是：这真是一个敢于追男人的女人——在纽约的开场，身着红色皮衣的她身手矫健地帅气驾车、救出三人组里的另两个男人；在内蒙古草原上，她爱的男人骑马，她二话不说翻身骑上摩托；在地下世界里，身着军绿色背心、麻花辫马尾甩在脑后的她，活脱脱就是中国版的劳拉——但我不得不说，在打戏之外，被舒淇彻底演活、更引人入胜的，是她与胡八一之间看似火爆、实则情深的感情线戏份，她经常不看着他，说出的话却一句比一句狠："我妈告诉我，和一个男人上了床，如果他不联系你，不要主动联系他""你们男人都这么不负责任是吧"；面对一个惦记初恋、难以展开新恋情的男人，她百思不得其解："我们俩的事情有什么好拧的，你的态度说明了一切""我允许你后悔"；她一次次离去，却又一次次转身回来："胡八一，你这个自私自利、自作聪明的自大狂，你们男人加在一起就是 trouble ！"

　　你想不出除舒淇外还有第二个人选，能把这些骂人的话说得如此具有个人特色而让男人不觉得烦闷，就像结尾 Shirley 杨把胡八一搂在怀里说"大不了一起死在这儿"时，他对她说的台词："你知道我最喜欢你什么吗？最喜欢你骂我的样子！"更不用提地下世界里，当王凯旋对胡八一喊"我王凯旋爱一个女人，会记她一辈子！"时，镜头却微妙地转向 Shirley 杨，她给了一个完全是舒淇招牌式的欲说还休的眼神。

　　导演乌尔善对这场戏印象深刻。"舒淇她是——直觉非常准的一个演员，她虽然不怎么说技巧，不怎么说她的设想，但是她给出来的反应往往是特别准确的。"他评价说。在那段戏里，王凯旋对胡八一喊完后是对 Shirley 喊道："你当然不懂，我们这叫革命情义，我随时可以为小丁（王凯旋和胡八一共同的初恋丁思甜，为救王胡二人而牺牲，Angelababy 饰）去死"，原剧本给舒淇设置的台词反应是"幼稚"。"我说你说一遍这个台词，她说得很低，后来她就说，导演我觉得这个时候应该不说话，说话我觉得不太对。"乌尔善回忆说，"我当时也没有想得特别清楚，我说你就这样两种都给我演一遍吧。但最终剪辑的时候，你会发现她不能说话——因为这个时候王凯旋的感情是真挚的，我想舒淇没有说出来的话是，人在这个时候应该做，也唯一能做的就是理解，无论对方处在什么样的情绪里说你不懂我，她都不应该再去跟他做斗嘴这种事情——最后我用的是，她没说话，把眼神低了一下——这个表演就特别准。"

舒淇觉得难演的则是另一场在水下的棺材里挣扎的戏——在胡八一对 Shirley 杨说完"我最喜欢你骂我的样子"，舍己把她救入单人棺材后。摄影机就在她咫尺之处，"要去控制力度，要不然就把摄影机给砸碎了。"舒淇说。

"那场戏大概拍了几次啊？"我追问。

"以我的功力，应该不会超过三次吧——应该一两次吧我记得。"舒淇笑言，"对，我忘了。"

这就是舒淇式的可爱——她甚至都忘了，那一场情绪发泄，除了"胡八一，你这个王八蛋，你让我出去！"后面的台词都是她自己想出来的。"她说这段应该再长一些，她后面加了很多她自己的台词发挥，譬如谁会喜欢你这样自私自利的自大狂——我说挺好的，这应该就是你，因为这个时候就是本能的反应。"乌尔善告诉我。

我相信，她对感情和男人的很多认识，在这个角色当中都表现了出来，因为她平时——未必是那么一个会表达的演员。

"她很坚强。"乌尔善肯定我说，"她不愿意说那些博取同情的话。她是一个很有个性的女孩。"

这张合影其实是在封面文章交稿后才面见和补上的。那一年年末,纸媒的冬季彻底开始,
最直接的体现是——杂志本身再也没有大笔支出可以投入在封面拍摄上了,不久后,《大
众电影》也从万达集团脱离重新回归体制。

2

　　因为自身个性中敢爱敢恨的特质，舒淇的演绎让 Shirley 杨这样一个虚构的小说人物非常让人信服——非演戏科班出身的舒淇，难免总会让人有这样本人和戏中角色重叠到浑然天成的错觉。

　　"在我们的印象里面，她之前演的一些角色都是浪漫爱情故事，总演那些纯情的、为爱所困的女孩。但其实当时找舒淇的原因就是，我觉得舒淇本人应该是 Shirley 杨这种。"乌尔善说，"在《寻龙诀》这个电影里面，经历了一个反转，开始我们看到她是一个假小子，非常强势、泼辣、利落，但她其实真正内心是一个需要爱的小女人——我觉得舒淇自己有真实的两个极，因为她之前很多角色没有把她的能量释放出来，她可能用的都是中间那个频率，我用的是她两头。"

　　但舒淇清楚地知道生活中的自己远离着两极——她既不是"纯情的、为爱所困的女孩"，也不是 Shirley 杨这种"一天到晚在发脾气的女人"。

　　在她的体会中，《寻龙诀》里骂陈坤和黄渤让他们"两个人抱在一起去死吧"的戏是她觉得最难的戏份之一，而她表现得不够凶狠以及发声方法，让镜头里走远的黄渤跟陈坤还要不时返回来指点她。"因为我从来不会那么大声骂人的，我自己本身不是这样子的人。"舒淇说，"我觉得骂完一场，都好像可以再吃一顿饭了。"

　　"你觉得你是更善于撒娇还是发怒，或者说，你更像大女人还是小女人？"

　　"我自己吗？我不晓得，我自己还好，因为我比较不会生气。我生气不会像 Shirley 杨那样子骂人，我是生闷气的那一种。"她说，"我觉得有时候吵架、骂人是挺伤人的事情，所以我通常都会不讲话。如果说真的在讲的时候，你还是要在理嘛。"

　　"你一直都是一个相对比较理智的人吗，其实私底下的你来说？"

　　"可能因为我从小就比较独立吧，所以很多事情都是要自己去解决嘛。"她沉吟了一下说，"所以我觉得，对，相对讲我是会想得比较清楚的那种人，对或错不晓得了，但是就是会思考的人。"

　　不得不说，如今即便是在爱情小品电影如《落跑吧，爱情》《剩者为王》里的舒淇，相比早年亦多了一份从容，亦喜亦嗔，都是一个驾轻就熟的自己。

　　"其实是觉得自己就不再想演那么多悲剧、纠结的电影，我就想要演比较直接，然后开心，happy ending 的戏。"舒淇坦陈"自己之后没有什么想要特别挑战的角色"，"因为比较纠结，或者是有难度，或者是有压力的那种电影，也演得不少了，所以就根本就不太想把自己投入在一种不开心的情绪里头。"

　　我相信，所有的任性，某种程度上都是因为有足够的底气。无可否认，舒淇曾经是演"望断"最传神的女星——那时的每一部戏，她就好像望见了自己的命运一般，那种"美人草"般爱上不该爱之人的悲从心底，和戏交织在一起：

　　《玻璃之城》里，是她终于抬头望见在下面的车里数次望向她的男人，她的手边是数次犹豫没有拨打出去的电话，是从来不曾离手的，他送给自己的，生命线、事业线、爱情线都由她的名字组成的手的石膏像，雨水隔着玻璃窗在她的脸上肆虐，她定定望向黎明的眼神仿佛什么都没有，又仿佛满脸是泪。

　　《天堂口》里，是她躺在床上，张震在她身边坐着，她轻轻地、几乎不为人知地叹了一口气，望向他说："绕了那么一大圈，其实生活可以很简单的，我们留在这里好不好？"他默默地笑一笑，俯身低头吻向她——那是一个缠绵激烈的吻，好像替代了所有他戏里戏外想对她说的话。

　　其实不善言辞、不爱讲话，舒淇这种女明星里的少见特质却是一种难得的自知与理智，因为爱情与人生，终究都是冷暖自知的事情。

　　我还没有告诉舒淇，看过她的那么多电影，看过最多遍的却是一部叫作《玻璃樽》的爱情轻喜剧电影，她在里面饰演那个叫"阿不"的海豚女孩，和成龙搭戏，演技青涩，其中真实可爱的少女韵味却让人永远无法拒绝——直到这次写稿前重温，我才记起里面有任贤齐的身影——时过境迁，昔日与成龙搭戏的小女孩如今已经足够成为别人电影里"最美的运气"——执导《落跑吧，爱情》的任贤齐这样说，执导《剩者为王》的落落这样说，真人秀节目《燃烧吧，少年》里的少年们也这样说——而舒淇自己说："年轻的时候在这个圈里，我都不听人家讲话，第一反应就会是'好烦''不要'……现在我也同样觉得，可以吸收到什么，最重要就是他自己的天分，看会不会遇到贵人，还有在这个娱乐圈的抗压性……这些都不是可以教的，我觉得就简简单单、顺其自然吧。"

简简单单、顺其自然，人人关心的她的爱情显然也会是这样。那些年的电影已经翻篇，如今的电影里，有些人至今依然可以搭档演默契动人的对手戏——在《聂隐娘》里，但最终她的选择不是张震饰演的表哥田季安，而是"简单"的磨镜少年。

"对我来讲，我会觉得她只是送他走了，到了某个地方，她也不一定跟他去。"舒淇说。

人们看她如一代名伶，总要有一点不归感——滚滚红尘，天下奇迹，就不该归属于谁。

但我想大约其实没有人比舒淇更明白：

归根到底，世间深情，莫过自知。

这个变幻莫测的名利场，是一座与爱情不分伯仲的玻璃之城，在外面看，一切都美得惊人，只有在其中待着的人，才知道有多么千疮百孔、沧海桑田。

美不是通往幸福的通途，男人也不是，真正不会如彼岸花凋零的，是那个无论任何经历、方式、他人，都无法磨去的真正的自己，那个自己最喜欢的自己。

（原文刊于《大众电影》2015 年 12 月刊，本文有补充改动）

文艺

文艺的意义是，每个人都能以梦为马。

——陈建斌

他 与 我

在我的采访生涯中，我曾经三次正襟危坐地坐在陈建斌的对面，但我一直记得我真正第一眼看到他的样子——其实是悄悄地透过门缝，望向镜子——**他是自己开车来的，直接遁入化妆间，和那些众星捧月的明星艺人一点也不一样，虽然他是一个演惯了王的男人。**那些绕镜一圈的灯泡照亮了整个化妆间，它们执着地散发出荧荧耀目且越燃越亮的光线，让他本人线条及轮廓远比荧屏上清俊的脸，在镜子里一览无余——即便他在低头看书，看不清晰。

有很长一段时间，我在大小银幕上总会看到他——采访这份工作，在合适的人与机会面前，总能够轻易让人混淆现实与梦境——我后来知道了，这也很像他小时候看电影的心情。

"小时候，看电影里面的人，只觉得是另一个世界。"他说。

已过不惑之年的陈建斌为抵达"另一个世界"走过的路，是一条远比当下的造星捷径漫长得多、也踏实得多的道路。

出生于新疆，求学于北京，从孟京辉发掘他主演话剧，到在电视荧屏上十几年来不断塑造"大人物"如《乔家大院》里的传奇晋商乔致庸、《亲兄热弟》里的纯爷们于大水、《甄嬛传》里的雍正皇帝……总是扮演大人物，这似乎也让他陈建斌式不怒自威、自然流露的演技，同时贯穿着日常生活始终——那是不经意的抬眉颔首、举手投足，不是大悲大喜，却让人清楚地知道：**要获得他的一句肯定，你需要加倍的努力，才能不让彼此失望。**

他上一个不怒自威如电影人物念台词般的现实片段，还时时不吝给我以警醒。那一次大阵仗的封面拍摄，有人走过来问他："陈老师，一会儿录影时，能请您做一些生活化的动作吗？"他叼着雪茄，皱了皱眉头，幅度不大但指点江山般地一扬手说："我们现在不就在生活中吗？"

我们现在不就在生活中吗？

这或许可以解释，在热钱滚滚，以明星、名流如"皇上"般的光环要拍一部取悦市场的电影极其容易的当下，陈建斌这个在小荧屏上早已成名且总演王的男人，一个形象与江湖地位均是大佬级的演员，为什么要在电影这样一个大银幕上，用自己不惑之年的处女作《一个勺子》去执导和演绎一个小人物的故事。

《一个勺子》在那一年的金马电影节上一鸣惊人。千回百转后上映前的见面会，他脸上标志性的不怒自威分毫未改，却比我记忆中的任何时候都显得愉悦。

"对您来说，拍电影是一个梦吗？"

"绝对是。"陈建斌说，"其实我觉得所有的人都是以梦为马，真的，就是可能，生活里的人，他不会用这种东西来形容自己，但实际上每个人都是在以梦为马，就是说再普通再平凡的一个人，他干的再普通再平凡的一件事，那也是经过了十几年，他终于干上了这件事情。"

只有在讨论真正的电影和电影人的时候，我才会在陈建斌的眼中看到一种光彩。事实上，真正的文艺之人，都藏而不露，甚至恐人察觉——只因文艺的是表象，浪漫的是内心，也是初心：不是所得的名利，而是拿出真心，向这个世界做出真正有意义、有启迪的表达。"要诚实地按照自己的内心去做事情——没有你想象中那么容易，但也没有那么不易。"陈建斌对我说，"有些时候是这样的——你可能想这样做，但若你已经不知道那个真正的你是谁了，那么你也摸不着你自己真正的这个心。"

在很多个日后，在我觉得"文艺"已然成为一个坏词，在我觉得自己是一个如戏中"不懂悔改的傻子"，在我觉得自己不知是否、以及该如何保持这个时代也许不需要的那种"好"时，我总会想起陈建斌，和他说的这段话。他脸上的神色，对新世界说不的那种傲然，用《飘》里的话来说：有一种对称，一种光彩，一种雕塑般的美。

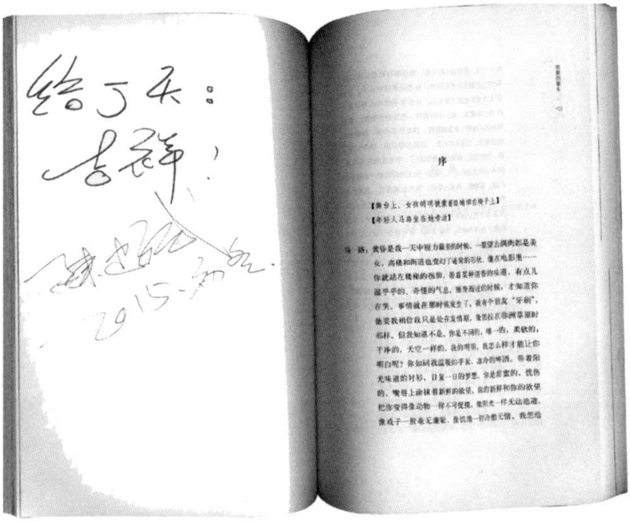
给丁禾：
吉祥！
2015-
序
【舞台上，女孩明明被蒙着眼睛绑在椅子上】
【年轻人马路坐在她旁边】
马路：黄昏是我一天中视力最差的时候，一眼望去满街都是美女，高楼和街道也变幻了通常的形状，像在电影里……你就站在楼梯的拐角，带着某种清香的味道，有点儿温乎乎的、奇怪的气息，擦身而过的时候，才知道你在哭。事情就在那时候发生了，我有个朋友"牙刷"，他要我相信我只是处在发情期，像图拉在非洲草原时那样，但我知道不是，你是不同的，唯一的，柔软的，干净的，天空一样的，我的明明，我怎么样才能让你明白呢？你如同我温暖的手套、冰冷的啤酒，带着阳光味道的衬衫，日复一日的梦想，你是甜蜜的、忧伤的，嘴唇上涂抹着新鲜的欲望，你的新鲜和你的欲望把你变得像动物一样不可捉摸，像阳光一样无法逃避，像戏子一般毫无廉耻，像饥饿一样冷酷无情，我想给

文艺的意义是，每个人都能以梦为马

1

在熟读各类经典文艺作品的陈建斌的脸上，有一种岁月般隐秘而动人的张力——这就不难解释，那些史诗级电视作品里饱经岁月风霜洗礼的角色，为何除他演绎，再无他选。与之相对的是他的手——那是一双读书人才有的、绝不粗粝的手，和脸上的风霜相较，充满人性般复杂的矛盾魅力。

陈建斌最爱不释手的是契诃夫的书。"契诃夫的主题是永恒的主题，其实就是一个人怎么得到幸福。"陈建斌解释说。而契诃夫关于何为幸福的观点，在其 1889 年给友人的信中表露无遗：把自己身上的奴性一滴一滴地挤出去，就能在一个美妙的早上突然醒来并感觉到，血管里流淌着的已经不是奴隶的血，而是一个真正的人的血。

摆脱奴性、不从众，才能真正认识自己、认知生活——契诃夫式的反奴性、反献媚，被陈建斌成功糅进了自己的这一部电影里——人们评价说，《一个勺子》里天真质朴的农村人，个个都像是从契诃夫笔下走出来的：看似被困在含辛茹苦的生活里，却各有各的挣扎与逆行。

"我觉得'命运'经常被我们所误解，我们以为比如说含辛茹苦、默默忍受、安于现状、接受命运给你的所有，就是挑起命运的这个担子。"陈建斌说，"我不那么认为。我觉得勇气是，把这些东西都抛开，然后去追求你心里特别想拥有的那种生活——幸福是需要勇气的，因为那意味着你要抛弃所有你赖以生存的、好多既成的事实。我特别敬仰这样的人，也只有在这样努力的时候，我觉得人这物种还是有救的。"

正因为此，陈建斌努力让《一个勺子》成为了一个不谄媚、非常规的电影。契诃夫戏剧中经常出现的沉默、延宕，在陈建斌的这一部电影中化作了数个长镜头。

张艺谋的御用摄影、《一个勺子》的监制赵小丁对此记忆犹新。"当时我就跟他聊，问他对影像的感觉想要什么样？他说，我就要质朴，要生活，那种特别手段化的东西，什么轨道、升降、大炮，基本上可以确定不用，效果越接地气越好。"惯于创造大视觉效果的赵小丁在大吃一惊后，与陈建斌商量了非常规的拍摄手法，将西北地区农村常见的棉帽子挖洞，把小型摄影机放到里面，让摄影师、录音师等整个剧组都化妆成当地人，混迹到人群中去进行偷拍——虽然拍到后来，终是被当地人认出"皇上来拍戏"而作罢，但傻子跟着陈建斌饰演的拉条子穿过街市、路过城镇的那几个长镜头，还是在整个电影中成功地让人印象深刻。

那是一个让我午夜梦回的长镜头：《一个勺子》里的傻子，一心一意地跟着拉条子，经过城镇，穿过人群，车流不息，命运无常，但好像跟着他，就能抵达温暖之境。

　　"建斌确实和当下的一些人，尤其想法跟这种物化的社会里的一些标准不太一样——他愿意，也只想表达深刻，尽管这个时代，本身就是一个不深刻、很浮躁的时代。"赵小丁说。

　　《一个勺子》后来在金马奖上赢得的评语是：犹如照妖镜，让社会中的人无处遁形。

　　我能肯定的是，对陈建斌自己，文艺就是那面让他看清他自己的镜子。

　　"在我十几岁的时候，我不但是一个文学青年，喜欢诗歌、小说，我还是一个狂热的影迷，特别喜欢看电影。我经常逃学，上学的路上我就进了电影院，看完出来之后还是白天，但电影院里是黑的，这让我觉得电影里的世界跟外面的世界是那么不同，区别太大了，你知道那种感觉吗？"关于明明暗暗的反复叙述，让他的声音在烟雾中也蒙上了梦的质感，"出来之后，我总是特别惆怅，我想说电影里的那些人去哪里了呢？故事已经结束了，但生活并没有因此结束，电影在我这儿从没有剧终，他们就是我的初恋，让我牵肠挂肚——那个时候我不知道，但现在我知道了，其实我就是很想进入到那个故事、那个世界中去，就像后来我无数次拍戏、杀青。对我来说，电影是一个梦幻，但和大多数人的一个特别重大的区别是，梦幻对我如此重要，甚至比现实都重要。"

　　"是只有这样的人，才能成为文艺工作者吗？"

　　"不，我没有这么说。我只是觉得，我都不可想象，如果我没有电影啊，文学啊，这些虚构的作品，这些东西支撑的话，那我会是什么样子。生活是如此乏善可陈。"

　　"文艺的意义，不就是如此吗？"

　　"我想文艺至少帮我确定了一件事儿——人通过自己的努力，是可以过上自己想过的生活的。"

　　这是如此励志——他所坚持和喜爱的文艺，带领着那个曾如《天堂电影院》里的男孩一般的自己，穿越黑暗，战胜贫穷，走进了他想要的人生里。这也正是文艺，真正让人心动的魔力——那是被追名逐利的人们，遗忘了很久的意义。

　　"我那时候只是乌鲁木齐那儿，从农村出来的一个小孩儿。我只是因为单纯地喜欢文艺作品里的那种生活方式才选择所走的路——对现在经常碰到的很多小孩，我都会这样说：你不能因为成功或名利，说我有一个梦。首先你得有个梦，有个真正的梦，才能找到那个真正的、可以成为的自己。"陈建斌认真地说。

左：其实我都不是很记得因为《一个勺子》访过陈建斌几次了，但那一次在MOMA影音室里的应该是最后也最轻松的一次，尽管全程录着视频，尽管距离发布会已经过去了相当波折的一年，电影才得以上映；

右：我和陈导第一次结识，是在《时尚芭莎》的拍摄现场，所有人都被他的不怒自威震慑，都说他是四大难采对象之一，但在我的经历里，他给采访的时间比给拍片多得多，而且非常坦诚。

2

真正看懂《一个勺子》这样的电影，能够看到的就不只是电影，还有人生。

陈建斌没有对我正面承认他或许曾承认过的，《一个勺子》是一个曾经的文艺青年攻克"中年危机"的产物。

"我不认为这是我自己一个人的经历，我认为这是所有人的经历。"他强调，但片刻又补充说，"任何危机，其实都来自一个人的内心。灵魂深处总是不断地在爆发革命，一次一次在否定自己。"

陈建斌的危机感起源于30岁，他率先否定的是自己29岁时第一个担当编剧的电影《菊花茶》。事实上，那是作为全校知名的骨灰级文艺青年的陈建斌自发写成的剧本，也被西影厂投拍，作为编剧和男一号，绝对不是毫无建树。放在一般人身上，定是编剧或导演生涯顺风顺水的开始，但陈建斌毫不满意。"做完之后，我就觉得那不是我想要的。那个剧本本身，我自问它对我来说意味着什么？什么都不意味，就意味着一件事儿：我能写电影剧本，而且能把它拍成电影，仅此而已。"如今他回忆说。

就这样，这种骨灰级"文艺病"患者的轴，决定了陈建斌是一个对世俗成功标准完全没有强烈意愿的人。在找到理想的剧本与自己想要的表达之前，陈建斌的选择是在职业演员之路上修炼，并收获了一个从《乔家大院》到《甄嬛传》的"电视剧黄金时代"。那些众所周知的角色很可能一点也不文艺，陈建斌挑剧的标准是"人物要吸引我，剧本要读得下去，角色只按自己心目中的标准去塑造。"他回忆自己是这样答应参演到《甄嬛传》这样一部"女人戏"中的："我记得，那是个下午，我坐在家里在那儿看剧本，看着看着，突然间字看不清了，为什么呢？天黑了，原来就这么一会儿工夫，我一口气看掉了很多。我放下后就对郑晓龙导演说，这个剧本写得不错，对人特别有吸引力，即便男人是绿叶，我也演。"

"很多时候，我唯一要说服我自己的是虚荣心。"陈建斌直言不讳，"其实演戏最疯狂的是——你可以把衣服都扒掉，把故事背景都扒掉，就谈人。你试图去了解这些人，惊叹他们居然能到这个地步，有时候，你会特别理解他们……很多时候，我可以理解的不是别的，就是被投射的亲情，终于负担不了了的爱情，和精神上永远回不去了的故乡。"

这样情感复杂的表演经验里，陈建斌常常是惆怅的。他会惆怅地想起自己和王学兵在乌鲁木齐新华北路上度过的少年岁月，冬天的时候他和他总在比谁滑冰滑得好，考上中戏后又一起排小品、跑龙套，第一个作品叫《两兄弟》，几年前也是他提议要做一个电影公司，这才有了《一个勺子》；会想起自己1994年挑大梁表演毕业大戏《樱桃园》，他穿着白西装站在台上，孟京辉和很多人在台下边喊边跳；会想起自己的父亲，那个传统的西北汉子，所有的生活重担都是自己一个人扛，和自己面对面时是高仓健式的沉默，如今自己也做了父亲，只希望儿子成为一个简单阳光的人，不要像自己那样懂得太多，会不快乐；会想起年幼的自己跟着舅舅、小姨，打着手电到离八家户村几公里外的车队看露天电影，幕布上还是一个黑白时代，但那已经是一个足够神奇的世界，结束了很久他还老想着：那里面的人，他们都去哪儿了呢？如今，他自己就在那个当时看似永远抵达不了的另一个世界里，却依然面对着很多暂时抵达不了的东西。

　　"我有时候经常会想，如果我当时没有来上大学，我生活在家乡，我会过一种什么样的生活？会娶什么样的女人做老婆，过什么样的日子，成为一个什么样的人？从这个意义上来说，我觉得我跟那个老张也没有什么区别，那些东西也使我感到惆怅，就是不管是好是坏，人永远只能选择一种生活方式，就像电影里说的，我们都无法回头，只能继续向前——但是这个问题使我经常会掉入到惆怅当中去。"陈建斌的叙述，在此刻笼上了一层光影般的质感，"这就是身为演员的我的感情，我心里可能就这么一点，但是这一点就足够了——因为它是真实的我，我拿出来把它放大，就是你看到的那个电影里的我——它所有的那些东西都是从这一点'真'长出来的，但这是我的，真实的情感，所以好的电影，表演……那里面讲出来的所有的东西，都应该可以是真实的。"

　　我注视着他的脸，因为此刻的真实焕发出一种真正的光彩——电影点亮生活，文艺改变人生，没有谁比他是更好的范本——它们让他跳脱出命运的人山人海，让挚爱的契诃夫永恒地融入了他的生命，他在那首歌词里亲笔写下这样的句子：诗篇总写在苦难的心灵中，契诃夫来到我身边。

我想起更早一点的彼刻，他坐在白色的台阶上拍片，却诵读起那样的诗篇，是沧桑后的纯净，复杂中的单纯，而他自己，几乎就是一个那样的人。

"我的朋友，我已忘了过去岁月的痕迹

和青年时代动荡的岁月。

请别问我那已经不存在的，

也别问我有过什么悲哀和喜悦。

……

你的心灵多么纯洁，还不知道忧郁，

年轻人的良知像晴天一样明洁。

你为什么要聆听那疯狂的热情的

索然无味的故事？

……

别要求我作危险的吐露：

今天我在恋爱，今天我就幸福"

那本旧书叫《普希金在流放中》，诗篇所在的章节则叫《炎热的夏天》。

这个炎热的夏天，这个深情诵读出此章同名诗篇的人，他的第一部电影也正在无期限的流放中，但他满不在乎地将原本肩上价值上万的外衣，随手褪下就随书放置在腿上，如同在任何一个片场角落席地而坐，气定神闲——因为，一切最好的都值得等待，也许最好的还远未到来。

（原文刊于《大众电影》2015 年 6 月刊封面故事及《时尚芭莎》2015 年 4 月刊头号人物，本文有补充改动）

朴实

谁说当了演员，就不能成为一个朴实的人？

——陈坤

他与我

　　对我而言，得以专访陈坤的过程就像是拼上最后一块关键的拼图——职业使然或是机缘巧合，我得以认识了一些与他息息相关的人：刚和他主演完《寻龙诀》的舒淇，之前和他主演《画皮2》的周迅，这两部电影的导演乌尔善和剧照摄影师，以及跟拍了两次以上"行走的力量"项目的上海摄影师……据他们说，他是明星里难得有自己思想的、可以深（神）聊的人。

　　听闻其中的故事，勾勒大致的轮廓，还有两本书做佐证——**但若不是面见本人，就是还没有最核心的印证。**

　　见到陈坤的时候，一束午后的阳光正透过餐厅的顶窗如同天光般照射下来，打在他的头顶，给他的圆形黑色礼帽围上了一圈同样形状的光辉，在那之下，是中国男演员里少见的"电影脸"——在大银幕的考验下更加光芒四射的，那种脸廓眉眼分明的容貌。

　　他气定神闲地坐在桌子边，前一秒那里还放满了拍摄用的下锅吃食与佐料，就像电影《火锅英雄》中常见的布景一样——以我的经验，有时候电影与杂志大片的拍摄就是有某种相似，都是用相对简陋来制造相对梦幻。

　　同样地，一个演员的演技好坏，某种程度上就是能赋予其中几分梦想成真。

　　和陈坤最多类型的大银幕代表作不同，《火锅英雄》是难得的生活化的中小型成本电影——但我觉得，生活化的不是所谓"火锅"这样的题材本身，而是它很聪明地用一局"老同学洞子火锅"串起了几种有代表性的"小人物"类型：陈坤饰演的家里有"带不走的外公"、爱赌钱但从来不躲债的刘波外，公子哥许东是个喜欢求神拜佛、花钱时直往后躲的怂货，眼镜哥平川是个普通人、暗恋者、资质平庸者中的最大多数，在银行工作得很不开心的于小惠则是一个不懂变通的小白领——某种程度上，就像于小惠所说，"我碰到了他们，以为生活会改变，想帮他们抢银行拿一笔钱，找个地方重新开始。"

　　简言之，**他们每一个人，就像我们自己平日一样，都希望相遇和相聚在一起的"运气"能改变自己的"正常生活"。**

　　它勾起了身为采访者的我一直以来留存的困惑：所谓的际遇，就能改变生活吗？

　　在这个意义上，《火锅英雄》并不是一个浅显的电影——要知道，吃食，是生活里证明"活过"的最表层的东西。我一直试图了解吃货的心情，他们对某一种食物或某一家餐厅的渴望，对舌尖划过味蕾的想象，就像情感丰沛的人想见到一个人、了解一个人的心情。

　　我相信每个人都有证明自己"活着"的方式：会变，会有执念，会有很多不同——但心情是一样的，那是体会生活的滋味。

就像我职业生涯行至此刻的心情。

陈坤以刘波之口在《火锅英雄》中说的让我印象最深刻的台词是：骑虎骑马好累。

同为水瓶座的我好奇的是：一个水瓶座的天生貌美的男演员，如何在对种种角色、圈子的选择、适应与不适中……寻找自己尽可能高兴地活着的方式？

陈坤的回答比我想得更水瓶：**"我为什么要扔掉一个框架，堕入另外一个框架？我希望我的心态是，有饭吃就吃，没有饭吃就不吃，我去做演员，完了之后稍微任性一点——大家喜欢我，我也很高兴；不喜欢，我很喜欢我自己，也很重要。"**

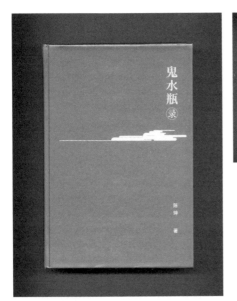

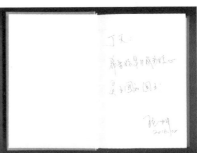

谁说当了演员，就不能成为一个朴实的人？

1

2月4日生日的陈坤是典型的水瓶座，用他自己的话说，按照日期计算，是"纯水瓶"。

水瓶最为外人所熟知的形容是古怪，包括对世事的观点，及其据此所作出的常人不会选择的选择。但我觉得，水瓶最大的特点，莫过于陈坤提及塑造角色刘波时所用的形容词：傲骨。

这是他诸多电影中唯一没有自己在开拍前写小传的人物。"我看这个剧本的时候完全不是在读剧本，我只需要回到我骨子里面，去想那个生我养我的地方，我印象里面这样一个个性的人是谁。"陈坤说，"原则上，很多其他人会把刘波前面演得更柔软一些，后面会幅度大——我说不是的，我说这个电影讲的根本不是从柔软到释放，也不是一个普通的小人物到最后觉醒的故事。我演的是一个生活在重庆的，非常有傲骨的，吃着火锅长大的，不管成功与失败，他都保持一种傻呵呵的骄傲感的，一个重庆崽子。"

只不过，"傲"这个特点，对"明星"这一职业的从业者而言，就是一把双刃剑。

在陈坤的名为《鬼水瓶录》的书中，他如此形容"艺人"：他们也从母体出生，却被上天感召着前行。有的幸运，有的悲惨，有的正派，有的诡贱。幻想星移斗转，实却路途多变。吸光吸血，也被吸光被吸血。名正言顺地雕刻面具，却又不时被面具雕刻。时而鲲鹏振翅，时而鲸晒浅滩，被世人七情相赠又相望于七情。这族名曰：艺人！

但陈坤不承认自己写书。"我没有觉得写字是为了给别人看的，我不是第一个读者，而是唯一的读者是我自己。"他说，"其实我不太会写字，我也没有写完之后，别人赞同和喜欢与否的那种顾虑。我出的第一本书《突然就走到了西藏》，是为了配合'行走的力量'，也是一个自我剖析的过程。"

事实上，早在好几年前，《火锅英雄》的导演杨庆就找到陈坤，在东申童画的办公室里做了一个多小时的故事论述。陈坤觉得这是一个剧情翻转不断的好故事，但他给出的回答是："我特别遗憾，这两年是我决定要休息的两年——我什么都不拍，我需要去不做演员。"

老实说，我没想到陈坤会对着访谈镜头如此坦诚。"我做了很多年艺人，我还是觉得自己很好笑，我经常在扮演来、扮演去这个样子、那个样子。我感兴趣的是作为一个演员，揣摩和体会一个角色的前因和后果，而不是去表演事件。"他说，"所以我把《火锅英雄》这个电影看得非常重要，也相当于我 40 岁，我认为对我最重要的一部电影——它的重要性非常特殊，因为在我的家乡拍，用我的母语，我演了一个我想象中，或者是我曾经觉得，我完全可能会成为刘波的这样的一个人。"

　　在这样的解释下，我便不难理解那个全片让我印象最深刻的眼神——发生在他决心去救人前火锅店里的一幕。"你干啥？"他瞥到一旁热气腾腾的九宫格火锅时问。"你不是说，（关店）走之前一起吃顿火锅？"一直把"爱赌钱但从不躲债"的他当英雄的眼镜哥平川回答得理所当然又惊慌失措。"你等着！"陈坤——刘波——那个回望的眼神仿佛注满了重庆火锅的灵魂：外壳坚如磐石，底下热气腾腾。

　　"如果你成为刘波那样一个人，你觉得怎么样？"我问。

　　"我成不了刘波。"他毫不犹豫地如此说。

　　因为他已经是陈坤了。

其实这篇文章里有一段我觉得最精彩的对话没有放入，但放在了当时的《悦食》封面版本里。

身为深知水瓶对吃食不那么感兴趣的同星座人我问陈坤：你觉得你自己是一个热爱食物的人吗？

陈坤的答案比我想象的更水瓶：我觉得所有的食物对我来说都在某一刻具有特别的意义。我很爱吃火锅，但是我也并不在意火锅。因为我个人认为，我留恋的所有的东西未来都会成为我的牵挂。

2

陈坤上一个大受赞誉、让人们备感惊艳的角色，是"鬼吹灯"之《寻龙诀》里的胡八一。

关于如何让这个大 IP 中的虚构人物落地，导演乌尔善对我是如此解释的："我自己在《寻龙诀》里关注的电影主题是，人如何去面对自己的过去，尤其是男性，如何面对内心深层的恐惧……胡八一和王凯旋对我来说，它其实是一个男人的两面，就是男人的理性和感性——我必须要知道，一个无所畏惧的、胡八一那样的男人，他究竟怕什么？是对过去的缺憾抱有的执念，让一个有足够的能力升级打怪的人，无法真正开始新的生活——这样理智又矛盾的大叔角色的魅力，现在的陈坤可以达到并释放了。"

事实上，用一部部电影去寻找自己的心灵秘史，几乎是每个创作者的必经之路及使命必达。

在演完胡八一这个其实非常现实的魔幻片人物之后，陈坤有了更多的思考与选择。"以前我觉得，太贴近生活的一些角色我演不了，因为太现实的角色我从来没有感兴趣过……我觉得本来我们的现实就非常荒诞，然后与其再赋予任何事情一个故事的标签，我还不如到更大标签的一个世界里面，去演一些非现实的角色，我会觉得更爽一些。"陈坤说，"但通过《火锅英雄》，我用我的浓郁去演戏，我在我已经经历过和生活过的城市'表演'。"

　　事实就是如此,现实往往比电影更荒诞。陈坤是重庆人,但在演戏第一天,他发现自己"像个外地人在说重庆话",他第一次惊觉自己已经有 20 年在北京了——生命历程至今的一半岁月。在他也不知道第几天开始终于说顺了的那一刻,他才敢跟杨庆开玩笑说:"我发现了,你的剧本里面这些台词的重庆话都是郊县口味的,只有我说的才是真正的重庆口味!"

　　《火锅英雄》让陈坤发现的还不止如此。他发现自己坐在卖鱼的菜市场门口,觉得"这就是我小时候长大的地方",但他又记得自己分明没有进去过;他发现菜市场里那些打麻将和打牌的人,"特别像我小时候见到过的人,那些大姐打扮得特别漂亮,很有仪态地在那儿打牌,就打打打,我特别有感觉,我特别有感觉……我就想起我小时候外婆打麻将的样子,就是那样。"

　　他声如梦幻的回忆,让我不由想起自己上一次在重庆,是带着时尚杂志的大队人马在酒店房间里拍三个如今最火的小男孩,安排他们在火锅边挥勺举筷,只拍不吃,拍完便撤,就是这样的空洞,一个花架子一般的生活;而上一次真正吃火锅,则是在一个圈中人的私人局里,杯盏交错,诉说个中脆弱,如今阴阳差错,席间人已四散人海,不再关联……也许,所有的情意也是可疑的?

　　重庆潮湿,火锅火热,而今想起这一切,心情也是冰火两重天的。就像《火锅英雄》里对其他观者而言也许是过场戏一样的一个镜头,对我却是如斯深刻：刘波和于小惠在重庆清晨清冽的空气中对视，一个远景，他俩站在天桥上，底下是车水马龙、闲杂人等。

他退出，她远走。

说真的，我反倒不太喜欢电影那个太过鸡汤化的结尾——失败或是英雄，我觉得都不太重要，整日在翻转的剧情并不比生活荒诞：善行恶行，最后在生活里都会有一个结果，符合想象是万幸，不合是常态，而唯有故事要编圆，就跟生活里要真正获得一个自己心里的圆满一样，真的不容易。

所幸，只要你想，我们的生命中还是会有太现实的工作和太梦幻的电影之外的一些更重要的事情。"做'行走的力量'这个事情，其实在这五年，在我的生命里面是特别特别重要的一个事情——它的核儿是什么呢？是保持自己对自己的旁观和觉察，我通过这个对于自己的旁观和觉察成长到现在，并且没有走到很歪的道路上，虽然有些时候我也比较疯狂。"陈坤坦言，"但是能够让我成为到现在，我觉得我是很开心和快乐地活着，并且我人生的方向是来自于这个练习——你们不要看到我现在好像是一个花里胡哨的演员，但实际上我小时候的成长跟所有你们经历的一样，我有诸多的嫉妒、贪婪、自卑、自私、自大，所有的弱点，我跟你们全部一样。"

"我觉得每个人对修行的定义是不一样的，还有修行的方式也不一样——我就想知道，你对修行的定义是什么样的，你觉得演戏、写字，还有行走，哪个更像是你的修行？"

　　"我只修我自己，就是这么简单。修行自己，并且当你开始有一些进步的时候，你的心会更柔软，你会有更多的宽容的心，你真的能做到把很多事情当成真正自己的事情在做，并且有些时候，如果里面需要刘波这个角色，我愿意毫无障碍地把我的心投射进去……"言及此，从访谈一开始就挺放松的陈坤突然神情认真地举起他的手，"我希望我的心态是，有饭吃就吃，没有饭吃就不吃，我去做演员，完了之后稍微任性一点——大家喜欢我，我也很高兴；不喜欢，我很喜欢我自己，也很重要。"

（原文刊于《悦食》2016 年 3 月刊封面人物，本文有补充改动）

幽默

有能力幽默的人，其实都情深。

——刘烨

他 与 我

　　刘烨是难得的指定要先受访后拍片的明星——在我看来，这正是一个明星首先把自己定位为演员还是艺人的差别——**差别就是，你对"电影"这件事儿里超出表面功夫的部分有多在意。**

　　凭借曹保平导演的电影《追凶者也》，以饰演其中死命"追凶"的汽车修理店老板宋老二获封第 19 届上海国际电影节金爵影帝——刘烨距离上一次凭《美人草》获得金鸡奖已经过去了十二年，而距离他以成名作《蓝宇》获得金马奖已有十五年。

　　《蓝宇》里最让我心弦触动的镜头之一，是电影开始没多久，相识也没有多久的陈捍东和蓝宇在入夜的北京街头相遇，车流在他们身边如浪潮一般**涌过来又涌过去，车灯一盏又一盏落在饰演蓝宇的刘烨眼睛里。"我可没那么容易放弃。"他说。**他说的是他的学业，他正在展开的人生，但他的眼里只有他。

　　后来，他无数次地、这样地看着他，像火，又像灰。

　　分手。"你就不能陪我坐一会儿？""可以。"已经起身走了的他回头，重新坐下来看他，"那天刚下过雨，我就坐在这个沙发上……窗子外边的彩虹大得不得了。我赶紧去拿相机，回来之后就没了。你知道，以后我是不会坐在这等你了。"

重逢。"夜深了，该走了。""真想抱抱你。"他穿着一张白纸一样的白 T 恤，蹲下来怔怔地看他，清澈地，一览无余地。

分离。"傻瓜。"他穿着蓝色羽绒服，身形臃肿地站在雨中，回过头来的脸是目光般一览无余的清秀。

杂志封面拍片时，有一组三件套正装，都很熟悉《蓝宇》的我和摄影师惊觉镜头里回眸的刘烨，居然有了胡军当时饰演的捍东般的样子，坚定，轩昂，一点点不为人知的疲惫——难道男人成熟了，终将都会变成一个样子？

只是，那如火又如灰的目光，还是蓝宇式的，或者说，是刘烨式的。

让人瞬间心动，又让人隐隐心痛。

一个男孩，要经过多少人，才能变成一个男人？

一个好看的人，要经过多少电影，才能变成一个好演员？

有时候我就是这样觉得，爱情、电影或是人生，都是一样的。

2016 年 8 月电影《追凶者也》发布会后专访不久前刚凭此片获封金爵影帝的刘烨；
都很熟悉《蓝宇》的我和摄影师惊觉镜头里回眸的刘烨，居然有了点儿胡军当时饰演
的捍东般的样子，坚定，轩昂，一点点不为人知的疲惫——难道男人成熟了，终将都
会变成一个样子？

有能力幽默的人，其实都情深

1

从金马到金爵影帝的十五年，人们好像这才发现，对一个年少时以演技成名的男孩，得奖这事儿已经久违到那么久了——于是，种种阶段性演艺生涯总结纷至沓来，好像不总结就对不起此次得奖一般。

只是，其中的举步维艰，我相信只有他自己知道——哪怕，他已经不是当年那个电影和本色皆青涩的少年；哪怕，他现在多示以人前和网络的样子，已经是一个善于自嘲也善于幽他人一默的"火华社社长"。所以我斟酌良久，在给他的书扉页上写了：

有能力幽默与自嘲的人，其实都情深。

他盯着这句话看了许久。

"你觉得说得有点道理吗？"我突然有点不安。

"有点道理。"他顿一顿——当你习惯了他的节奏，就会知道他还保留着这个圈子里难得的一点天真与笨拙，"当然，特别对，特别对。但现在好多人不理解。"

好像是从这句话开始，他收起了社长嘻嘻哈哈的表象，决定要和我认真聊聊电影。

　　他看着我的目光有了一些不一样。不讳言地说，那依然是一种让面对他的人心中瞬间能燃起火苗的眼神。

　　就和电影里一样。

　　《追凶者也》里让我印象最深刻的戏份，也是眼神——宋老二在一个云南高地的黄土窄道里逃生，他不时仓皇回头，只有他一个人的呼吸清晰可闻，唯眼神清亮如初——没有什么比这个情境更能诠释了：人生绝境，莫不如是，每一场人生都会有其绝境，每个年龄段都会有其禁锢——要想突破，唯有靠自己，有技傍身，但也要有耐心熬，在对的时机一举"追"获。

　　从当年最年轻的金马影帝到十五年后的金爵影帝，他到底变成了一个什么样的男人？

　　"我第一次见他本人，我就是被他那双眼睛吸引住了。"关锦鹏对我坦承。事实上，关锦鹏挑上刘烨简直是一个电影式的"命中注定"般的故事——他告诉我，当时他和制片人张永宁一起去北京电影制片厂，负责选角的是一个副手女导演，当她把她认为"我们不会感兴趣"的档案文件塞回柜子中去时，刘烨的一张考中戏时候的入学照片掉落了出来，"那我就拿着那张照片说，这个男孩挺好的"。根据关锦鹏的描述，那上面的刘烨穿着最简单的T恤、牛仔外套和牛仔裤，背着个包靠在墙边，"还有点羞涩"。

　　"我知道他现在有很多生活上的变化，比如说结婚了、做爸爸了，但我觉得，我看他的眼睛，我还是觉得他有一定的纯度在里面。"关锦鹏说，"那个时候已经有监视器了，我坐在监视器前面看表演，然后我就感觉到，后面有很多工作人员都已经把头这样子弯下来，回头一看，有的泪点低的就已经哭了。"关锦鹏说，"我现在讲起来，有些戏，鸡皮疙瘩还会起来。"

最让传统电影人怀念的，或许正如刘烨所言，是"16年前的一个创作状态，其实，是对电影的一个状态"。"那个时候，基本上所有干电影的人其实都是那样一个创作状态，就是对电影，大家对电影，什么是表演，什么是美术、剪接、剧本，那会儿差不多都是那样，就是所有人……你想现在变化多大呀。"刘烨感叹说，"我跟你讲那会儿真的是挺值得怀念的，真的很值得怀念。"

而关锦鹏则评价当时刘烨的表演："是紧紧'咬'住角色的。"

2

　　对刘烨同样的评价，也出现在历来"对演员的表演有着偏执的洁癖"的曹保平口中——哪怕已经过了这么多年，电影业的大环境已时过境迁。

　　"其实他刚来的时候，不管是他那个造型还是那个感受，我觉得就还是他。但是等拍了几天，一段时间以后，我就觉得特别舒服——他就和那个环境完全融在一起，脸上那些沧桑的痕迹一上去，胡子也开始长得乱七八糟，那个衣服也被他穿得越来越脏，他自己到了现场，往那个修车铺里，破钢管椅上随便一坐的时候，你就觉得他和那个色彩浑然一体。"曹保平说，"好的表演其实是这样，就是你拍一段时间以后，那个人就活在那个角色里了——就特别'对'，他就和那个人物开始逐渐叠合在一块儿，然后那个时候你会觉得再换任何一个人好像都不知道能演成啥样，会是那样的感觉，一种不可替代的感觉。"

　　虽然彼此都对彼此之前的作品并不熟悉，但对"电影"这件事儿同样的"偏执"，让刘烨对曹保平，他口中"真的是现在特别难能可贵的导演"惺惺相惜。

　　"他不厌其烦。只要你要求，他就努力去做，能一次次拍，其实证明的是信心。有非常多场戏和非常多镜头，其实经常会拍好多条，拍十来条都很普通的事儿。"曹保平回忆说，"我觉得刘烨这一点其实是挺不一样的——他可能是我拍过的这些明星里条数拍得最多的。"

　　一个热爱电影的人，一定不会喜欢当代最典型的明星——刘烨显然是非典型。挑中刘烨饰演《追凶者也》宋老二这个"单枪匹马追凶""不达真相不罢休"的倔强角色，曹保平觉得，"首先是外在和那个气质像，很鲁，有时候很莽撞"，"私底下，他不是一个小心翼翼和特别注意自己在别人眼里的形象的人。"

的确，拍摄当天，即便面对一溜媒体和等在房间里的大队人马，刘烨也是穿个大 T 恤、大裤衩就来了。"因为自己骨子里边太坚持了，所以下意识地还是觉得说坚持自己的演员身份是最重要的。"看起来大大咧咧的他其实比谁都清醒，"这个行业，成名容易，保持特难，这么多年，你说这个叫倔强也好，或者叫不服，其实有的时候就靠着自己给自己很多力量，就是那样。"

"以前的电影是以人物为主，现在更多的是卡司，以前几乎文艺片都是'心路历程'，观众跟着你一路……就是特别想再做这种。"半倚在酒瓶和书页旁的他的脸庞，依然清秀好看如初。他胖了，然半解开胸口的扣子，少年般荷尔蒙的气息便依然能瞬间升腾起来——但他对我们摆摆戴着婚戒的好看修长的手："酒，就不喝了。"

我在一旁看着他，好像看着我身边一个熟悉过又陌生了的男人。

曾经，他身着白 T 恤、蓝牛仔，夹杂忐忑和脆弱的目光，拖着犹疑而茫然的步子，行走在北京到处拆了又建的灰蒙蒙的马路上，走进了无数如他一般对世界敏感又充满渴望的年轻人心里——"蓝宇"这个充满荷尔蒙的角色，让我曾经以为他会是中国的詹姆斯·迪恩，少年得志，边界模糊，同样不羁，但只要站到摄影机前，人们就会原谅他的一切任性。

只是，时移境迁，在《追凶者也》之前，他或许再没遇见让表演释放得如此尽情尽兴的电影，也或许因为那些包括昭示天下的爱情在内的弯道与岔路，让他逃脱了詹姆斯·迪恩般因放浪形骸而过早凋零的命运——他既没有戏剧性地在青春永驻的地方戛然而止，也没有在人生的漫漫失意中失去斗志，他的自嘲式的幽默让他没有愤世嫉俗，也区别于他人地保持着只有自己才知道的深情与清醒。

"我觉得我现在，我已经好多年不存在什么自己太好看，得突破一下，老早就不存在这个了！"他笑。"下一个奖不要再隔十五年了，再隔十五年就老了！"我想起关锦鹏笑着托我带给他的话。

但我只是注目，并未告知。世俗没有磨灭他的血性，环境没有磨灭他的良心，爱情没有磨灭他的热情——如今，他有可爱的、以他为荣的孩子，有转头能在她怀里撒娇得像个孩子的妻子，还有左手文艺、右手商业的事业选择。

这是我能想到的，一个年少成名、容颜俊美的38岁男人，眼下比影帝更值得褒奖的人生。

（原文刊于《大众电影》2016年9月刊封面故事，本文有补充改动）

认真

电影改变人生，因为认真对待。

——彭于晏

他与我

　　这是彭于晏从影的第十年，《湄公河行动》的票房破了十亿。

　　彭于晏的工作室贴出了一张长图，选取了十年间的电影代表作。从2006年的首部电影《六号出口》，2011年一战成名的《翻滚吧！阿信》，2014年的票房之作《匆匆那年》，直到2016年的票房与口碑新高《湄公河行动》，以及年末将要出演将军之一，和马特·达蒙、威廉·达福、刘德华、张涵予并肩站在一起的《长城》……

　　我把图放大，手机从头翻到末，还是没有看到自己最初认识他的、那部大学时看了数遍的电影，《爱的发声练习》——当然，那时他还不是主角，是大S在其中的数个爱人之列里校园初恋的化身，白衬衫，弹吉他，笑容羞涩，无人可拒。

　　我周围喜欢彭于晏的女生很多，其实我有一种感觉，很多女孩喜欢他，实际上是喜欢一个优质的家明，亦舒和安妮宝贝小说里常出现的男主人公名字，代表一种好女孩都向往的现世安稳、人生完满——可是啊，这样的男孩往往会被走四方的坏女孩吸引，因为那代表一种更精彩的人生。

　　或者，还有一种例外：他自己就是那个勤加练习、蜕变、追求人生更多可能性的人。

电影界的"好学生"彭于晏就是那样，通过电影练习人生的人。他用十年告诉人们：更好的"好"不是一帆风顺，而是经过锤炼的人生。

这也是对所谓鲜肉、帅哥、偶像向来并不感冒的我，为什么想要和他对话的初衷。

"《爱的发声练习》你也看过噢？那真的看了蛮多电影的！"

"我也是无意当中才发现，虽然我不是追星族，我也不是追帅哥的人，但是我真的看了你蛮多电影的……"我坦然相告。

"我不是帅哥，所以你可以追我啊！"他大笑。

女人的练习以爱他人居多，男人的练习以挑战自己居多，但无论如何，练习至少教会我们的一件事是：时光是我们穿上的衣服，再也脱不下来。

"真的改变的东西，是内心的东西。"他在专访里这样说，而我不能同意更多。

看看彭于晏的故事，就能问问自己：人生十年，白驹过隙，你做到你满意的你自己了吗？

彭于晏在镜头前的表现力与他的积极进取不无关系，而且我敢说，在电影镜头前比摄影更甚。

电影改变人生，因为认真对待

1

　　亲眼看到彭于晏以白衬衫造型出现在我面前，是在《匆匆那年》的片场。

　　那个雨夜，他饰演的陈寻在北经贸操场上跑了又跑，誓要把那个因为他而迷途的女孩追回来一问究竟。带有水珠的头发，洇湿的衣衫，一次次回到我们待的帐篷里，用旁人递给他的大毛巾边擦拭边看导演面前回放的监视器，不待干就又跑出去……一直要到看过整个电影，你才会知道那是一场如何关键且微妙的戏。

　　我后来总觉得，那是我所了解的彭于晏一部分人生的隐喻。

　　他总是在寻求突围。在《湄公河行动》里，和他并肩作战的是张涵予，就连配角也是陈宝国、孙淳等一众演惯了硬汉的老戏骨的集结——要在其中突围，绝不容易——所幸，这也不是彭于晏第一次面临这种状况了。

　　"寒战"系列第一集，号称"港片新门面"的最大规模的警匪片，影帝集结，彭于晏不过三场戏份。"我觉得压力最大的时候，就是拍《寒战》第一集的时候，那时候我压力真的是……拍一场，跟家辉哥演的时候，我心真的会跳到喉咙快跳出来。但那个紧张感我觉得是好的，就是因为你有那个紧张，你会让自己准备得更充足。"他如今回忆说，"我在里面的戏份虽然不多，但是我一直跟两位导演讨论说，怎么样让观众觉得有亮点，记得我，所以我就想了很多。在房间排练特别多次，就把自己想说往死里演一个阴暗，在镜子面前拼命想那个眼神。"

　　他成功了，人们记住了《寒战1》片尾处，彭于晏饰演的被铐住的李家俊，透过银幕渗出寒意到让人背脊发毛的眼神——自此，眼神戏成了彭于晏的强项。他的戏份在《寒战2》里得到了大幅提升，隧道激烈枪战后，身中数枪的彭于晏拉下面罩，眼神不甘而空洞地喷出一口鲜血的面部，已经可以承受摄影机慢镜头长达数秒的俯拍和特写——这是全片最精彩、最有辨识度的场景之一，悲怆宛若命运的音乐声响起，人们看着他几乎占据了整个大银幕的脸，可以回想起《寒战1》身为逆子阴森一笑的结尾，回想起之前父子临别，梁家辉告诉他"走得越远越好，远离这些人，包括我"的两代人惺惺相惜、尽在不言的眼神交汇，此时，已经没有什么人能否认这个角色的光芒，是三大影帝集结也不能遮掩的光芒。

　　在以动作戏见长的《湄公河行动》里，彭于晏饰演的方新武担纲了男人中的文戏部分，身为一个不能暴露身份的卧底情报员，他的眼神更隐忍，也因此更动人——仇人近在咫尺却不能杀，还要谈判，这是隐忍的愤怒；抽烟忆起身陷毒瘾的女友，半行清泪，这是隐忍的悲伤；河面无计可施撞船迎面而上，同归于尽，这是隐忍的执着——

　　电影就这样模糊了现实的界限，见证了他从男孩到男人的彻底成长。

2016 年 9 月电影《湄公河行动》发布会后专访，彭于晏的迷妹很多，但一般不喜帅哥的我是在访后觉得他可爱的，而且和一般的帅哥不同，他既没有被宠坏，也很聪明。

2

　　《湄公河行动》是彭于晏与导演林超贤的第三次合作——以我对电影行业的了解，所有的御用，都不是偶然。

　　林超贤受访时对我坦承，是《翻滚吧！阿信》让他看到了彭于晏。"怎么会有一个演员可以真的花时间去练体操？我也希望可以有一个演员能为我的电影这样做，不是用我的力量去逼迫他怎么做，而是愿意用态度去做一件事情。"他说，"彭于晏就是那个愿意的人。""他可能觉得我跟他某个地方很像吧，就是对于自己喜欢的东西有一种很执着的坚持……就是不太在意，不太盲目，不是大众喜欢的我们就一定要去做，而是我们自己喜欢的东西，一心告诉大家。"彭于晏则这样说。

　　为了《激战》，被"活生生练成一个猛兽"的张家辉激励到的他找了训练专业综合格斗选手的教练每天练，同时自己参考经典电影找了很多格斗的招数，"我也不说，先把它练好，再给导演看——我可以做到这样子，你可以拍嘛？导演看到之后就真的帮我加，里面很多动作就是这样加进去的。"

　　有追求的演员与导演，绝对是相辅相成的。"所以我发现一件事，你是很喜欢跟导演讨论戏的演员？"我禁不住问他。"对啊，我很爱跟导演聊天。"彭于晏答得真诚且坦率，"导演都有他们自己想要的那个样子，就是你合适他就找你，但你看到这个角色，你也有自己想要的样子……我觉得很有意思，过程就是你怎么样让自己想要的样子，说服导演心中的样子。"

就是在这样主动争取、"加戏"成功的过程中，本身酷爱竞技自行车运动的林超贤看到了自己下一部电影中理想的男主角，《激战》还没拍完，彭于晏已经被确定下来合作下一部电影，所不同的是，这次是男一号了。"我觉得他真的是认真。"在《破风》中和彭于晏一起担纲主演的女一号王珞丹对我感叹说，"他的剧本上笔记都做得密密麻麻的……有一次我和他妈妈聊，说他为啥要接这么累的戏？也不那么喜欢上真人秀？我们的答案一样，就是身为演员，难得能碰到一个机会，体会一名运动员的成长！"

不是导演，也不是迷妹的我，印象深刻的则是演戏之外的彭于晏这样的一个细节——见面时，他是拿双手与我握手的第一个男明星，上一个这样做的人，是宣传《一代宗师》时的章子怡。除此之外，再没人这样做过。

这或许可以解释，十年里，为什么只有彭于晏成了几乎每年每部大电影里不可或缺的小生，且不只是颜值担当的小生。在残酷的新人辈出的演艺圈，永远都会有新的红人与流量担当，但因为认真对待而被电影实实在在改变的一切，身形、演技、为人处世……才可以让人不只得到一个数字或是"好"字。

我们都将，也终将不再年轻。但唯有因为认真对待，无论电影，还是爱情，被燃魂、走心、改变的东西，才会在自己的人生里被保留下来，值得我们的一再回首与翻看。

其实，我所写过的所有故事和在做的事，都是这样的同一个，而已。

《湄公河行动》结尾，好像寓言，也是预言。张涵予饰演的高刚说彭于晏饰演的方新武："他的内心从来没有变。"有人在一旁说："走了一个，来了一个，下一个不知道会是谁？"

可是，还重要吗？人生没有几个十年，重要的是——一个让自己不悔改变的好时代，已经被创造，亦共勉。

（原文刊于《大众电影》2016 年 11 月刊封面故事，本文有补充改动）

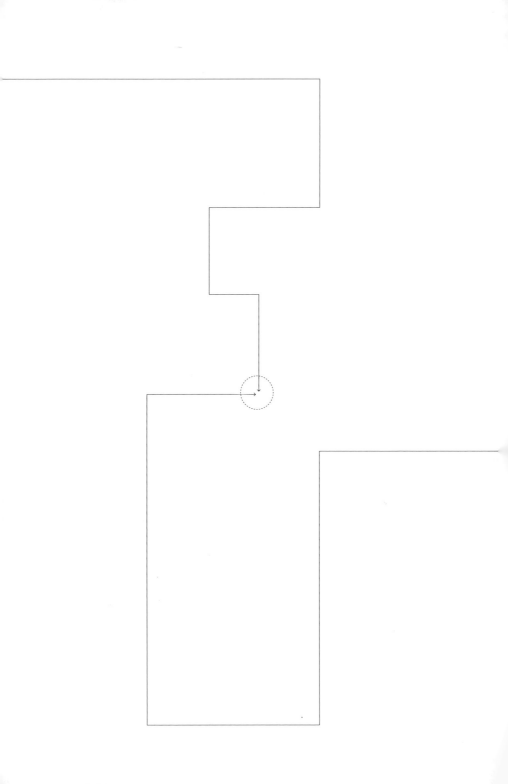

贰

光影见天地

没有人是一座孤岛

当我和他们面对面交谈有关电影和演戏的种种时，

我们还谈论什么？

活着，选择如何生活着的方式—没有人是一座孤岛，

每个人都是一片——

谈过的文艺、经过的人生，让心连成了不孤独的大陆，

让孤独的人生有了对抗的方式。

定力

『有能力的人不会弱势，我相信。』

——曹保平

D 小姐手记

　　曹保平对我的意义是，当你在这个乱世里，因为这个或者那个对自己要做的自己不够坚定的时候，就可以去找他这根定海神针了。这年头，尤其在北京的酒桌或饭局上，豪言壮语一点也不稀罕，稀罕的是打动你的、真正发人深省的话。内心里兵荒马乱的时候，他的这番话总会适时地浮上我心头："电影这东西，如果我想拍，每年都能拍一个。但电影是我真正喜欢的职业，我看中的是作品里究竟有没有能打动我的东西——只有每拍完一部，你都愿意承认这是自己的东西，才能去做。"写字、出书、拍电影……这些和创作有关的事情，都是一样的。

镜头背后

　　每一个如今看似开阔的人生，波澜不惊下都是惊心动魄。

　　世俗标准下成功的人很多，但我认可的从来都是、也只是"曹保平式的成功"——干干净净，有一说一。就像他凭借《烈日灼心》获得第33届大众电影百花奖最佳编剧奖和最佳影片奖时，一连说的三个一点儿也不怕得罪人的"我觉得"：

　　"我觉得一开始所有的方向不是奔着票房去的时候，你就不可能失落。"

　　"我觉得奖项，每个人都希望我们的劳动能被肯定，但是为了某一个这样的目的，就一定拿不到。"

　　"我觉得编剧一点都不弱势，编剧其实很强势。当你是一个有能力的人的时候，就不会弱势，我相信这一点。"

　　在记录电影《烈日灼心》创作过程的《导演的控制》一书的最开篇，曹保平写了自己的真实故事：一个北方小城二十多岁的青年机关干部，如何因为一则报纸上的招生简章"慢慢燃烧起来"，经过政审、局长、抉择、逃班、高考等一系列让人哭笑不得又百爪挠心的周旋，最终得以走上电影之路。"至今我还记得那条细长的、棕色工作证搭在我身上，偶尔经意或不经意露出，那个年龄的我，所能赢得的艳羡……那时候的我已经准备收拾收拾把有关文学的一切梦魇发烧神经病统统赶走，像个庸俗的正常人活着了。恋爱开始了，房子也有了，工作也不错，一切入轨。"

也许这就是为什么，这成了曹保平至今的每一部电影都不会遗漏的主题——官方介绍中，人们喜欢这样总结他的电影作品，"都是反思中国社会、关注生存困境最真实、最有力的数面镜子，从反映压迫与被压迫的《光荣的愤怒》，到反对爱之暴力的《狗十三》，学院派出身的他走出的是一条与王小帅、娄烨、管虎等第六代导演均不相同的路"——但在我看来，他点出的是每一场人生的无可规避之路：每个人都有不可抗的命运，每个人又都抗得特别不容易。

事实就是如此，谁不喜欢一个鲜亮的表面呢？认识他的时候，我还在一本主流女性时尚杂志，整天为怎么把自己喜欢且想做的电影人包装成选题搬上杂志而烦恼地折腾——大多数我喜欢的人，要名正言顺地上时尚杂志真的不太容易。我为了什么去采访他？为了周迅的一篇封面。

《李米的猜想》至今是我觉得讲爱情最动人的电影之一，这是我七拐八弯强要来的一个采访，现在连中间人都已在命运的漩涡中消失无影，也是我第一次听到他说：其实不是单纯，而是她选择了单纯。略显做作的咖啡馆包间里，我在本子上奋笔疾书地记录——假模假式的光鲜亮丽见多了的唯一好处，就是你能轻易分辨出什么是真材实料的醍醐灌顶。

那场采访中，他和我讲起的是如何说服周迅去"欺骗"戏里的王宝强的故事。"她就是理解不了，明明她和他有着相同的被爱情欺骗的经历，她怎么还可能去欺骗他？"他回忆说，"那次沟通，从下午两三点一直到晚上十点，绕来绕去地掰扯，到最后真的是想踹她——不过就是一个善意的欺骗，你说，她怎么这么轴，这么点儿道理为什么就是说不明白？"

"嗯，我觉得，在这一点上我更能理解周迅——欺骗就是欺骗，不是善意——这大概就是女人和男人之间的差别吧。"我当时这样回答，他哈哈大笑，而我自惭形秽：那时除了一段封面文章里的文字，我什么也不能给他，看似光鲜亮丽，其实真正属于我的是一片一无所有。但后来我的新书发布会，他说来，就真的来了。他笑笑说：第一次见你，那犯轴的劲儿，和《李米的猜想》里的周迅真是一个样儿。

他是真的懂得感情的人，在他并不以爱情为主线的电影里，那些爱情镜头总是那么打动我。《追凶者也》——据曹保平说是在《烈日灼心》反复三年多折腾的间隙拍出来的"旧"电影里——我最喜欢的镜头是站台一别，她抬头，却又不看面前的他。

她说："我想问你一件事……我和你在一起一年多，你有没有真心爱过我？"

他说："我还以为是什么问题……你是唯一一个相信我的人，我怎么可能不爱你？"

都说曹保平是中国最好的犯罪片导演，但我却总能在他的片里看到最好的爱情。为什么？因为真实。那是光鲜亮丽所不能企及的部分，是识于微时的感情最动人的密码。一切欲言又止，一切却都关于"相信"。

电影终是什么？

该是，最真实的，人生梦啊。

独家对话

D：我现在看很多电影，最大的问题其实就是特别不真实，没有感情的细节。

曹：我觉得还是能力的问题。就是对于创作者而言，能力问题就是你的审美，各个方面的构成、技术等，价值观是你能力的最重要的一部分。

D：你为什么总是对复杂的、敏感的故事感兴趣？

曹：我有可能是到了这个年龄，总是想拍一点更"那样一点"的东西。以《烈日灼心》来说，我就是喜欢它够复杂，它每一层人物关系，包括情节的强度，包括事件的暴烈程度，包括人性的复杂。诸多这些东西交织在一起，我觉得是现在能"挠着"我的。

D："挠着"你的点，具体说来有哪些？

曹：我觉得主要是人物的那种复杂性吧，我喜欢那种被抛离出惯性轨道的人物，这些人物我觉得往往都是犀利和尖锐的。因为我们每天生活的这个惯性的轨道，其实都是麻木的一个轨道，当你被抛离出那个轨道，往往是你生活中的一些巨大的变故或重大的意外，这些其实刺激的是人最本质的那一面，所以你从中能找到一些很不一样的有意思的东西——《烈日灼心》这个故事里面的人物就是这样，因为偶然的事件导致一生的改变，而且这一生基本上就是"刀刃上舔血"的一个形态，这就是兴趣的出发点，至于每一个人物衍生下去，这点让人更喜欢，那点更有意思，就多了。

（原文刊于《大众电影》第 907 期"茶叙"，本文有补充改动）

真实

「真实世界，我不认为是电影这样。」

——李媛

D 小姐手记

　　李媛真正大范围为人所知，是因为 2015 年电影《滚蛋吧！肿瘤君》里，穿着一袭丝质绿裙足够媲美《赎罪》里凯拉·奈特利的女二号夏梦，但我认识的李媛本人却几乎是她出演的种种"拜金大妞"和演艺圈中女人特性的反义词：不做作、不混圈、绝对中性。学画画出身，去应聘插画师却兼职做了模特而一发不可收拾，以及并非 T 台模特的身高和脂粉难以掩盖的某些特质，让她又更容易从模特转型为演员……在这个以美为权、以权仗势的圈子里，这样一个"李媛"的存在实属难得：几乎不收集登有自己的杂志和照片，把工作和生活分得很开，看动画电影比一般电影多得多，比脸蛋更吸引她的是声线。

镜头背后

一个人最终，其实不会归于任何不属于其特质的地方。

与李媛的相识完全是机缘巧合，虽然在娱人娱己的这个圈子里，总有人认为一切都是居心叵测的。

只不过，这个姑娘，不仅不是第一次听说，而且好像在哪里见过。在时尚杂志圈，她曾经获誉"京城第一野模"；然后她真的演了一个名为《时尚女编辑》的不温不火但被圈中人直骂狗血的电视剧，还有很火的电视剧《奋斗》的电影版；再然后，和她搭过戏的郑恺、李晨纷纷凭借真人秀火了，有粉丝跑到李媛的微博上留言说：他们红到发紫，你后悔吗？她说：火不火，跟我有什么关系？

说这个故事的时候，她戴着一顶棒球帽，素着颜雌雄莫辨地坐在新光的灰狗餐厅里，背后是一整面红墙，面对的落地窗外是京城高架桥上不曾间断的车水马龙。她一直在吃肉。"少吃点，多运动。"她的两个经纪人对她说，其中一个转过头对我说："我早觉得你们俩该认识了。"我当时还没有告诉她，她和我二十岁刚出头在时尚杂志社实习时的女上司，行为做派实在太像了，像到我在落座的那一刹那，那一个暑假所有年少岁月里的清香辛辣全部在脑海里倾盆而下——正是她，诱发了我的脾气，奠定了我的审美，而我后来才知道，她和李媛，居然是好朋友，好到可以喝酒砸瓶子撒泼然后抱着一起睡过去的那种。

那日不算正式的聊天后，我给李媛写下了这样一段话："在《滚蛋吧！肿瘤君》里的李媛，与顶着童花头、犯二撒泼、花痴帅哥医生的熊顿截然相反，饰演的是另一种当代女性：夏梦，一个高挑、冷艳、坏脾气的美女，对男人拳打脚踢是家常便饭，但癌症夺走了一个美女在世间所能拥有的全部特权。"

她印象最深刻的一场戏是，隆冬十二月，在回龙观的医院天台上冷得只知打颤发抖。"几乎每遍词都说错，已经冻傻——鼻涕冻在鼻子里，风大得把假发都吹歪了，抖得跟帕金森似的。"她说，"然后演喝酒之前就一直在喝酒，真的喝酒，为了取暖……其实这些，都不该叫事儿。"

但其实那次采访里最精彩的对话是这样的——"你觉得为什么要设置夏梦这样一个角色——或许是，美女的世界从一开始就不一样，得病让她的世界崩塌了，特权不再，熊顿的出现给了她一个重构世界的契机？"我问。"作为电影是这样，但我一直认为生活中不可能。"她言简意赅地说，"真实世界，我不认为是电影这样。"

真实的世界，因为人性，显然更复杂。我们很快约了第二次，在三里屯的灰狗，那日她穿着一身黑，在电梯口对我说：别逗了，谁认识我呀？这一次，因为野兽派花店为《滚蛋吧！肿瘤君》里夏梦那样类型的女性定制了一款女王花束，我们约在那里，桌子上全是盛放的白玫瑰，扑鼻的清香在雨水的气息里显得愈发辛辣浓烈——玫瑰都有刺，这也是其魅力的来源之一，可惜太多人不懂。在门口抽完烟，说起电影发布会当天也是她的生日，身着平底鞋的她懒散却又自带风情地靠在木框门边上说：走吧，对面楼上的灰狗，去喝一杯。

其实对于我们所选择的这个圈子，我们都没什么想多说哪怕一句的。一个人最终，其实不会归于任何不属于其特质的地方——就让一切浮华归于浮华，伪善归于伪善，权谋归于权谋。

这个世界上的幸福有很多种标准，以上，对一个不装也不想装的人而言，都和她要的人生模样毫无关系。

独家对话

D：我记得你说过，你觉得模特还是一个挺苍白的职业——这是一个很有意思的观点。

李：我那观点会不会拉仇恨？（笑）反正就拿我做模特来说吧，我一直认为我拍片的时候就没太走过心……所以不用功的东西都是苍白的（笑）。

D：我觉得女人的"作"分很多种——有的作，是跟男人比较作，也有的"作"

特指脾气比较坏的美女，比如夏梦，你怎么看？

李：是。夏梦这角色我觉得也不能完全算是"作"，她就是一个跟陌生人不善接触的那么一个性格，比较"葛"吧，但是可能在很多人的眼里就给贴上"作"这个标签了。就比如她生了病，依然在那儿抽烟喝酒，我觉得这就是挺作的一种表现，完全不自爱嘛。像她的朋友给她送来的水果、鲜花，她都不屑一顾，反正她可能更注重感情吧，更希望人来看她。她其实是更希望去依赖她想依赖的人。她在电影中是比较依赖前男友（笑）。开始的时候也不是很依赖熊顿，被熊顿感化了之后，反正剧本里说是挺离不开的。虽然我觉得好多点自己不能说服自己，比如说，人生不是被讲醒的，不经历大生死是不可能醒的。

D：夏梦在戏里面特别惊艳——你自己是否觉得好奇，为什么这样的"拜金大妞"角色总是会找上你，和你曾经是模特有关吗？

李：挺惊的，不艳（笑）。我演的角色其实和我反差特别大，不知道为什么，大概是我长了一张高冷的脸，老是被弄去演那些拜金女，要天天努力地去感受她们的心理，又不会去采访她们，好辛苦。我平时打扮的也没有那样的衣服，所以穿上自己还挺接受不了的。那件衣服吧，我觉得特别像一件真丝睡衣。我觉得中国的影视剧其实是一个比较快餐的那种制作方式，他们不会说专门去调教一个演员去往那个角色上靠，就是觉得他很合适，他很像，他就来演吧。所以就会导致都会找我演模特、大妞什么的。

D：那么，现在有真正爱上演戏？

李：演戏还是挺好玩儿的一件事情，你可以去塑造不同的自己嘛。

D：如果要选三个形容词来形容真正的你自己，你会怎么说？

李：混不吝、叛逆、自我。

（原文刊于《大众电影》第 909 期"茶叙"，本文有补充改动）

刀天小姐
每天开心
有一点！

诚实

『诚实，对人对己，都是一种最大的尊重。』——吴越

D 小姐手记

是否真实，以及是否可以演出"真实"——我觉得这是完全不同的两件事情，却是一个演员优秀与否的不二评判标准。在当下这个娱乐盛世，一些艺人只是艺人，不是演员；在很多商业化组合的作品中，一些演员只是合适，不是唯一——成名甚早、见证变革、1997 年凭电视剧《和平年代》获得金鹰奖、如今活跃在大小荧屏和戏剧三栖舞台上的吴越，区别于他们中的大多数——她在很多人眼中的文艺、清高、淡定，不过因为她的诚实、勇敢、踏实，这是一个真正的"文艺工作者"应有的样貌。

镜头背后

所有文艺的终极魅力都来源于一点：一个纯洁到一直在向往纯洁的灵魂。

"我觉得我还挺生动的吧，有那么不接地气吗？"受访时，吴越身着气质派女演员都爱的白衬衫，一尘不染得就像背后《百团大战》海报上她清丽如往昔的脸——她饰演的是这部2015年大型抗战史诗故事片里唯一的女性主要角色，也是真实事件里唯一的虚构。

在我看来，很多人误读了吴越的特质，而她的特质，或许在考验更甚的戏剧舞台上才更能被放大——戏剧的魅力，在于观者得以近距离的观察，演员毫无遮掩、必须一气呵成的演技，这是极简而又一目了然的一切，包括脸颊上残留的泪痕、眼眸里闪现的光点——但最终我觉得，所有文艺的终极魅力都来源于一点：一个纯洁到一直在向往纯洁的灵魂，哪怕生活欺骗了你，哪怕你要为此付出生命。

正因为此，从1999年《恋爱的犀牛》里对爱执着、伤到对方的第一版明明，到去年《我的妹妹，安娜》里对爱放手、予己自由的吴越版安娜·卡列尼娜，整整十五年过去，舞台上吴越式的魅力依然惊奇地完好无损——那是一种超越了年龄，其他女演员几乎从未能够超脱于此的"硬净的清澈"，让人如此轻易地回想乃至反省起，自己的灵魂最初的样子。

只不过，随着年龄的增长，一再地看那些经典的文艺作品——以前看到的是爱情，现在看到的却是人生。"爱情，爱情总会离去的"，后者终究会超越前者，就像安娜彼刻念出的独白，那时她的身后是清澈洁白到一览无余的雪地，"我们回家吧！哥哥，无论发生什么我都不会后悔，金色的耀眼的太阳就在前方。"

"安娜的可爱，并不是她的爱情，是她对于生活的状态——就连在小说原文里面，她死的那场戏都不是悲悲切切的，她一路地在想她的各种小心思，然后突然到了火车站，她认为我就应该跳下去——她充满了好奇，真的。"吴越对我说，"当她纵身一跃跳下去的那一刹那，她最后有一句话是说，'天哪，我在干什么'——然后，'嘭'，已经撞了。她就是这样一个女人，这样的女人真的很可爱，因为她特别地真实。"

在电影世界里，女人们有很多种纵身一跃的战斗方式，玉娇龙、聂隐娘的技压群雄是一种，安娜·卡列尼娜的宁为玉碎是另一种——他们都很激烈，她们也都遭遇了孤独。

而在现实世界里，吴越的真实是另一种更实在的魅力与力量——一种不同于圈中人的、超越年龄的率真，让人不禁驻足，对她一再回眸。在《百团大战》里，虽然身为主角之一，但她最经常的出现形式，也不过是匍匐在绿色中的一抹暗红，只有在开火车进攻敌军时的坚定眼神，和安娜跳下火车时无异。"有一句话叫'如实'，就是你是不是可以如实地在那儿待着，你可不可以摁住自己一颗想表达的心，不说话。"她解释说，"其实对一个演员，特别是演了挺多戏的演员，这是一个挑战——你能不能诚实地在里头待着，没有，就是没有；有几分，就演几分。"

我们都无法否认，时代变了——电影的意义，演员的定义，都变了，变成了一场激烈不亚于往日的、不过不见硝烟的战争。"每次都有机会重新回到人群，但最后的选择是更远地离开"的安娜说："威尼斯的河水永远不会结冰，紫罗兰在冬天也可以盛开。"硝烟弥漫中指点江山指挥百团的将军说："他们将继续战斗，哪怕孤立无援。"

"1940 年的夏天，这些人在打仗，很多人都牺牲了。"那个夏天最炎热的几个日子之一里，阅兵几乎要让北京成为一座空城，而吴越露出好看的、好像每一个清冽却不寒冷的冬日清晨般的笑容，"每个人都有自己的敬畏心，而我认为尊重他们的核心就是诚实——诚实，对人对己，都是一种最大的尊重。"

独家对话

D：如果生活欺骗了你，应该怎么办？

吴：接受，因为除此之外没有更好的方法。

D：你是第一版话剧《恋爱的犀牛》中的明明，里面有一句很有名的台词说，上天会眷顾那些勇敢的、多情的、善良的人——如今回想起来，对于这个角色和那个阶段的自己，你记忆最深刻的是？

吴：那是一个夏天（笑）。我认为真是一个美好的夏天，就是我排练二十多天，每天我都在，伸着脖子问郭涛，问孟京辉，我说你们来得及吗，因为在我的印象当中，是要排很久很久才能演出，他们二十天就要让我上台了，然后一直到上台之后，我都很慌，我不敢看观众的眼神，因为最近的观众可能就像咱们那么近，我就害怕忘词。然后等到大概十场之后，有一天，我一好朋友跟我聊了一聊，我突然觉得我不能甘于这样了，我要开始革命，我就去剧场找孟京辉说，我要革命了！孟京辉特来劲，他说行，来吧，怎么样啊，我说我现在把裤子剪破，他说剪（笑），我衣服要撕掉，不舒服，他说剪。任何东西，其实这些东西都是一个身外的东西，但是它可能会影响到你内心——开场之前，我会趴在地上，我听舞台的声音，我感觉我跟它握手，我跟它融在一起，我说我不要怕，不要怕观众的眼神，不要怕这个台，不要怕台上站着的那个我——那是一个很胜利的夏天，我觉得（笑）。

D：我印象很深刻的是，你们的宣传文案中有一句这样形容安娜的话，"她每次都有机会重新回到人群，但最后她的选择是更远地离开"？

吴：对，这是这个安娜的口号，是我一个好朋友在我们聊剧本的时候说到的，我说一定要用这个口号，我是特别拥护这句口号的人。因为我觉得，走到人群中其实是大部分人能干的事，但是她选择不，其实是坚持。

D：我之所以觉得你会特别认同这句话，是因为我觉得这某种程度上也陈述了你所选择的一条道路——你是一个成名很早的女演员，但是你也没有说一定要一直大火，也就是走到人群当中去，而是你保持了你自己的一条路。

吴：我当然也很想火，没有说不想火的（笑）。不想当将军的士兵不是一个好士兵。因为当你火了之后，你拥有话语权，你拥有选剧的权利，你会有很多机会，是非常美好的一件事；但是我觉得每个人都有他自己的命，就尽人事，听天命，你做好了你自己的，然后让老天爷安排吧，你也就没什么遗憾了，可能是我现在对自己的一种安慰（笑）。

（原文刊于《大众电影》第 911 期"茶叙"，本文有补充改动）

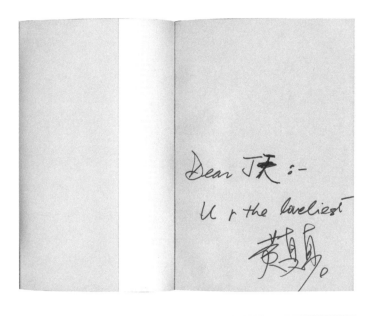

Dear JK :-
U r the loveliest
黄少颀。

爱情

『应该每一天好好地去抱抱你的爱人。』——黄真真

D 小姐手记

从我认识她第一天起，每次见面黄真真的头发颜色都不一样——就像她的电影一样，但又保持着某种微妙的一致。"我会觉得好闷，一样的好闷！"在《消失的爱人》上映前受访间隙，她一边说着港版普通话，一边端详自己映在落地玻璃窗上的脸。将拍电影的重心转至内地后，虽然对一个以《女人那话儿》那样的先锋纪录片成名的香港女导演日益商业化的争议从未停歇，但不可否认的是，从《倾城之泪》（2011）、《被偷走的那五年》（2013）、《闺蜜》（2014），前一部三段式爱情片的试手奠定了之后两部情感长片轻松过亿的基础，《消失的爱人》是创作上获得更大话语权的黄真真在自己的新公司推出的第一部作品，不是预料中的《闺蜜》续集，却又回归到了"拍戏以来最骄傲"的纯爱电影——显然，女人更乐于谈的还是爱情。

镜头背后

　　和男人相反，女人是通过爱情来了解自己和世界。

　　没有什么比"爱情"这一题材，更能呈现一个女性导演挖掘出的两性之间的处世差异。

　　黄真真合作过的知名女艺人很多，有些还在潜力股时期就被其挑中，有些则在她的影片中呈现出了不同于人们既定印象的模样，更让人印象深刻且略惊讶的是，她们愿意在黄真真的电影里平分秋色。

　　其实，与这一群体得以结交并顺畅合作的能力，证明的不只是她作为导演的判断力，还有高情商。"我那天看到一句话说，情商和智商都高的人，就是让自己舒服，也让别人舒服——我觉得真真导演就是个情商非常高的人。"《消失的爱人》女主演王珞丹曾在受访时对我说，"真真导演是女导演，又是演员出身，其实对于表演的要求非常高——但她会用大家都舒服的方式方法，然后一遍一遍达到她要的那个东西。""丹丹说过，拍完这个戏后，我让她觉得自己变得更加女人了，因为平时很少撒娇，现在在我的启发下，掌握了很多爱情技能。"黄真真笑言。

　　事实上，与其说黄真真善于发掘合作的女演员身上女性化的一面，不如说，她最善于合作与发掘的始终是自己——从业至今，她几乎所有的电影都是自己编剧，且有不少片段是切实取材于自己亲身经历过的人和事。"我很需要谢谢我以前所有的男朋友，因为很多时候剧本我都用的是自己的经历。"黄真真回忆《闺蜜》的创作过程时说，"九天这个花心音乐人的角色，我写的时候就是想到我的一个前男友，然后在写对白的时候，我就打电话问他说，如果你去了那个 Party，见到女主角小美，你会怎样去跟她认识？其实所有的对白都是我的男朋友跟我在电话里一边说，我一边录下来写进剧本的！"《消失的爱人》的蓝本，同样由黄真真取材于过世的父亲与继母之间，感动并触动到了她自己的爱情故事。

男人通过征服世界来了解自己并赢得爱情，女人则是通过爱情来了解自己和世界——这或许正是男女对爱情的认识与处理始终存有差异，并值得电影等文艺作品去源源不断展现与探讨的原因。

黄真真最喜欢的爱情片，来自于一名男导演——同样来自香港的导演陈可辛多年前的《甜蜜蜜》。去年，这一部老片的复刻版上映，陈可辛坦言自己最喜欢两人在纽约街头重逢、相视一笑的结尾，"爱情就应该有无限可能性"，而黄真真最喜欢的情节却是"两个人在小小的屋里面吃面"。"当时他们的爱情好单纯，而他们面对的世界好乱，好现实，这让他们一个装不是大陆来的，一个傻傻去打工，他们面对的事情很乱，但最开心是两个人在一起。"黄真真说，"而且那个时候他们不知道，那就是真正的爱情。"

不知道为什么，陈可辛和黄真真——这两个近年来九成时间在内地、同为商业之路发展顺畅的香港导演，他们对爱情的拍法和他们所谈论的爱情，总让我想起电影在某种程度上业已逝去的黄金时代。

　　我想起《闺蜜》专访后的那个北京秋日，黄真真和我又约了一个饭局，出来时难得地下起了雨，一辆辆满载的出租车从我们身边呼啸而过，在东四北大街的街头，车水马龙，灯火迷离，好像异乡，事实对我们两人而言也确是如此，只不过一个个需要战斗的平日里无法深究——我们四目相对，突然间乡愁的味道就弥散开来，再也挥之不去。

　　"我有一任男朋友是战地记者——我记得我碰到他的时候，是刚从香港去纽约读书，听他说战地的种种，我就很崇拜，然后就跟他去喝酒，喝到无数个天亮……曾经有一晚他跟我求婚，说明天早一点起来，我说干嘛？他说早点起来我们去注册，我说你这是要求婚吗？好——我们把那个闹钟调成九点，但那一天早上，闹钟没有响，我们起来已经差不多中午了。"

　　"你遗憾吗？"我看着她问，彼时的她顶着一头淡金带紫色的短发，看人的眼神如雨水般湿润又真，过膝的靴子踩在水洼里，也许一个女战地记者的外在看起来也不过是如此。

　　"这是天意。"她爽朗地笑笑说，"要不然我就已经结婚了——但我觉得那个时候如果结婚了，现在应该也离婚了。"

　　这就是人生啊，如逝去或留在电影里了的爱情、友情、种种情意……只能回忆，不可逆。

独家对话

D：看你和大卫·芬奇的同名电影，我觉得女人拍爱情就是理想中的爱情，男人拍爱情才是爱情的真相。

黄：但是你觉不觉得男导演拍女人都是很完美的，会不会太完美呢？

D：男性和女性拍爱情电影的角度会不同吧？

黄：我觉得因为女人是非常感性，所以失去爱情的时候就疯了，疯了的时候就会做好多自己也想象不到的事情。所以就是不要得罪女人，不是吗？香港常常都是这样说，真的不要得罪女人。第一，她可能复仇好厉害；第二呢，疯的时候你不知道疯到什么地步；第三，她随时可能是你老板的老婆或者是小三（笑），所以要小心。

D：我听说《消失的爱人》是你继母对你父亲的爱，给了你一些素材和创作的灵感？

黄：对对对，因为我爸走的时间不长，其实对她来讲可能是真的非常想念这个人，以前那么多年一起生活，所以在家里所有的东西都还没有改变过。我觉得，哎！我们现在活的人应该每一天好好地去抱抱你的爱人，因为你真的不知道有一天当他不在了那怎么办——所以我觉得一个人怀念另外一个人的那种强烈的感觉，应该在电影里表达出来。

D：你的人生经历已经非常丰富了，有在纽约上过电影课程，然后又跟战地

记者谈过恋爱、差点儿结婚，然后也开过自己的制作公司，还当过电台的
DJ……这些人生经历对你的情爱观会有一些影响吧？

黄：我觉得对我的情爱观非常有影响，但是最影响的是我写剧本，我觉得一
个编剧、导演跟演员这三个角色，其实最好有很多人生经验，不管是成功的、
失败的、搞笑的、痛苦的，因为经历越多，你写剧本或做导演的时候越真实。

（原文刊于《大众电影》第 912 期 "茶叙"，本文有补充改动）

To: 丁天

滕华涛
[人生需要"不瞎"的折腾]

身为"第一代",滕华涛曾拍出品质大戏，还执导过数个大众题材，主攻都市年轻人题材，也是他的小成本编的小清新电影《失恋33天》，这更使他《裸婚时代》《蜗居》一上画就赢得了市场的热议……从凡是层层积聚的十年积累，仍在坚持，拉春发，"世界的机会永不会枯竭，的故事在眼前日记。不做表脸的名垂。"

别瞎折騰
没什么用 ☺ 滕华涛

女性

「我更喜欢飞扬跋扈的女性。」

——滕华涛

D 小姐手记

　　你很难找到一个对女性故事持久感兴趣的男人——在我认识的男导演里，滕华涛是一个难得的样本。从《爱之初体验》到《剩者为王》，2015 看似是他的小妞电影监制之年，后者却是滕华涛早先把上半部买下来、原本准备自己做导演的故事。可惜，女人，尤以如《剩者为王》的作者落落一般的女作家群体——是最以情绪化创作见长的动物——下半部完结时，时间已经过去了五年。他坦言"我自己要是再拍这样一个都市爱情电影的话，挑战不够大"，事实也的确如此，导演此类女性故事，无出其右——而在我和滕华涛因为交手诸多而日渐熟稔的交谈与访谈里，我觉得他对付看似不太好对付的女人的秘诀如斯：不是去猜测，而是去了解。

镜头背后

每一个在人前真正飞扬得起来的女人，背后都有一个对人生的可能性拥有更多包容心的男人。

在滕华涛的御用合作名单和待拍的女性故事里，看似强势的女人从来都不是他顾虑的问题，反而是他真正的兴趣所在。

这或许正是为什么，我喜欢的诸多女性形象都已一一花落他手——譬如东莞，一个为了人生的好风景可以奋不顾身的风景线般的美女，原作者笛安是这样说的，"就算灵魂忍受着煎熬，虽然她把自己的人生搞得乱七八糟，可是她身上那种活色生香的力量就是我的光"；譬如林澜，作者江南在小说之外的散文集里提到她的死，说"隔着群山万壑，听不见声音"，小说里，在那个沉眠于地下的城市里，她升上防御界面的顶端低头俯视，空无一人，她哼着男人们听不懂的歌，"我算不懂人心，尤其是女孩的心……一辈子最没自信的就是猜测女人心。"

我最认可的他的一个观点是：拍电影没有安全模式，人生也没有——这个警句几乎在人生的任何时刻，譬如这个在飞往纽约的十万里高空的飞机上赶稿的此刻，都能让人从心底生出一种释怀。

因为了解，所以释怀。事实上，滕华涛是鲜为人知的"导二代"，其父滕文骥是中国第四代导演的代表人物——正当人们纷纷以为滕华涛将要接棒父亲，凭处女作电影《一百个》跃升大银幕时，他却转身进入了电视圈。"我1995 年大学没毕业就开始拍电视剧——但其实我从自己独立拍第一个电视剧的时候，就没有太按照圈内人的方法拍。"

也不是没有在大小银幕间辗转过——2005 年，类型化、明星化的电影《心中有鬼》败惨，他却在紧接着的电视剧《双面胶》里重新肯定自己，"我坚定地维系了我的原则，就是我有一个好故事，然后我必须自己挑合适这个故事的演员，不管任何人说的谁卖钱，谁不卖钱——只有合适我这个故事的，我才启用。"这一当时没有任何人看好的模式直接成就了《蜗居》，也间接成就了年度黑马电影《失恋 33 天》，以及之后可被称为升级版的《等风来》。

"小清新、小文艺当时是所谓的'票房毒药'——投资人往往希望能够永远找到那个安全的模式。"滕华涛坦言，"但其实，至少对于我这样的导演，我没有一个所谓的安全模式。"

这是滕华涛不止一次告诉过我的故事。这个故事更详尽的版本，在我放在上一本书里时，顶着"黄油小熊"名号的滕华涛在微博上转发时说"丁老师的新书很有趣"——也许，在这个幸福标准如此单一的世界里，这已然是至高褒奖的一种——而对能够被称之为"有趣"的女人而言，无论外现或内隐的"跋扈"，对外人都是一个谜。

关于《剩者为王》，我听到的可称之为"有趣"的独家故事是——有一场彭于晏饰演的男助理马赛带着舒淇饰演的职场女强人盛如曦去路边摊吃东西的戏，监制滕华涛原本觉得"这就是个过场戏"，但被身为导演的落落"强势"制止了——她告诉他：其实这是女孩子会非常重视的环节。

我想起去年还是前年，夏末的某个夜风微凉的晚上，单身的我和同样单身的落落、阿亮坐在上海的某个日式小酒馆里，不约而同地说起，和一个真心喜欢自己的男人一起穿街走巷，说说笑笑，享人间烟火，就已然是最好的爱情。

事实正是如此——每一个在人前真正飞扬得起来的女人，背后都有一个看似温和、其实是非曲直的判断标准一致，对人生的可能性拥有更多包容心的男人。

"对，你说中了，我好像是更喜欢飞扬跋扈的女性形象。"这一次，他若有所思地和我确认。

足够不惧，才能知彼；足够强大，才能联手——这正是每一个如舒淇，如盛如曦，如此时的落落，如彼时的鲍鲸鲸，不知悔改的有趣女人们一一拥有过滕导的幸运。

独家对话

D：你觉得中国有没有"小妞电影"？

滕：美国跟中国的肯定不是一种，我还是比较喜欢那种相对文艺的爱情片。

D：你合作过的、在所谓剩女年龄上的 80 后女生其实真的很多，比如说从鲍鲸鲸一直到落落，她们都是或者曾经是"剩女"——有一种说法是，其实女人身上所能看到的变化是一个社会真正变化的缩影，你同意吗？监制《剩者为王》的经历，让你对女性有什么新的认识？

滕：对对对，是这样的。所以其实可能也是，几年前写《剩者为王》小说的时候，和我们 2015 年电影拍出来的时候，还是会有一些关于主题方面的变化。我跟落落我们的一个分析就是觉得，可能再早几年"剩女"还算是一个概念，现在真的没有——现在女性更独立，可能更不需要别人同情或者觉得她自己一个人会有什么问题，其实都挺好的。她可以强大到在现在这种社会生活当中独立地、很好地生存着。

D：其实 2015 年可以说是你的小妞式爱情片的"监制之年"，包括之前的《爱之初体验》——你自己梳理过吗，有什么感受？

A：对，同样我监制的，《爱之初体验》其实出处是日本的一个电影，叫《桃花期》。它那个电影本身是非常有趣的一个青春电影的类型片，只是在我们这边转换的过程当中还是有一些障碍，方方面面都比较多，真正操作的经验等。因为电影不是光有热情和决心就行了，它和各个环节的技术保障都有关系。

D：你做导演没有安全模式，那你觉得做监制有吗？有些监制作品让你饱受争议，比如《爸爸去哪儿》以及一些 IP 很高的商业作品——你如何看待 IP

和面对争议的？

滕：也没有。其实像类似做《爸爸去哪儿》的时候，最重要的就是怎么完成这件事，怎么能让它在这么短的时间之内做出一个电影来。而且这个里边其实我做监制的一个最主要的职能是说，帮助投资方去做一个判断——因为当时毕竟是有几种可能性，比如说做成一个故事片，我拒绝了，说不行，因为创作一个电影故事的话，真的是需要花很长时间，几年都说不准。故事不是几个人凑在这儿说，咱们三天之内，你必须给我聊出来，不是真的能聊得出来的。那我觉得不是能力问题，而是需要时间和反复推敲的过程，哪怕写出来过个三个月、五个月之后再回去看，哦，还会觉得有些问题需要改的。而当时《爸爸去哪儿》的时候，其实我们能有的时间很短，需要帮助投资方判断的是，我们到底要什么和观众要看什么，你不能给观众看了一堆其实他并不想看的东西。

（原文刊于《大众电影》第 914 期 "茶叙"，本文有补充改动）

风格

『真的努力，够好，这在任何一个时代都是通用的。』——丁薇

D 小姐手记

　　毋庸置疑，丁薇是这个时代鲜见的音乐人。尽管这些年来为许多大热的影视剧做着幕后，2001 年迄今，她以影视作曲家的身份创作了电视剧《人间正道是沧桑》《蜗居》《手机》，电影《失恋 33 天》《秋喜》《辛亥革命》等脍炙人口的影视音乐——但与之相对的是，丁薇自己的音乐与走过的路却完全不求快、不流俗。我是在其新专辑《松绑》（Untied）的宣传期前认识她的，此时，距离她发上一张唱片已然十余年。但我想说，理解丁薇，其实一点也不难，所谓"冷"，不过是对做那些只是让人高看一眼的事情的不情愿——我们是一类人，对于自己心底真正想做的事情，那是再"热"也没有的——没有人可以定义你是什么样的人，只有你自己——虽然，在此之前，就像"断翅的蝴蝶"那样，我们需要飞过沧海，飞过桑田，飞过烟波浩渺，飞过唇亡齿寒，才能达成这一场我们想要的"松绑飞翔"。

镜头背后

当你明白自己真正的眷恋所在，剩下的就只有义无反顾。

　　总有一些歌和人，是划分青春与时代的。2015 年 12 月 11 日，北京糖果的星光现场，是歌手丁薇的声场——对很多人而言，她的及腰长发、牛仔裤加白球鞋、T 恤配军绿夹克衫是青春无悔般不曾改变的"席卷重来"；对我而言，现场看得最"惊心动魄"的场景却是一个本身气质很冷的人说别人冷——她在蓝光如注、如同深海的台上对台下人微笑着说："你们都太冷静了！"难免让人觉得，她依然如同那一尾随时可能抽身游离的美人鱼，再见将又是一场今夕何夕，一别数年。

　　与漫长的以年计的时间相对的是，丁薇的每一首词曲都经得起推敲，她对音乐与这个世界的态度，就像她曾为《手机》所写，这一次在自己这场名为"松绑"的演唱会上亲口所唱的：不要宽恕 / 不要领悟 / 不要对现实认输⋯⋯没有了温度 / 我们还是会在乎 / 一点点付出。

　　更难得的一点是，在她阔别许久的这场音乐会上，你能清楚地感知到：听得到过去的岁月，但远不如看到现在——那首名为《重来》的新专辑中的重点曲目，丁薇用两种不同的方式、置身于她几乎全是大牌与男人的国际化乐队中唱了两遍，舞台上的她自由、自信、恣意、冷艳，将全场最高潮的欢呼驻留于此——没有什么比这样的方式和反响更能证明了：她的音乐依然无可归类，她的现在强大于过往。

　　当然，她也有对过去举杯的温柔——在这场很久没有如此开心过、好听过、笑闹过的演唱会结尾，朋友们依然固执地以丁薇从未习惯过的方式在台下大喊"丁薇你好棒啊！丁薇你好美啊！"，而丁薇的回应是那一曲来自旧日的《亲爱的》。

　　《亲爱的》出自丁薇 2004 年的专辑《亲爱的丁薇》，这是她的第三张个人专辑、第一次自己做制作人，至今已经过去了十年有余。这数十年间发生了什么？是文艺到娱乐，一个时代的更替。彼时，在上海音乐学院作曲系求学的丁薇因为一首原创 DEMO 即得到唱片合约，首张专辑《断翅的蝴蝶》一炮打响，让丁薇早早跻身中国流行乐坛第一线。"在这部分来讲，我觉得我是比现在的一些新人要幸运。"丁薇对我坦承，"但是呢，我还是始终坚信一点，现在很有才华的新人，还是能出来的——只要你真的很努力，作品够好，肯定能出来，我觉得其实这在任何一个时代都是通用的。"

　　就好像北方的冬天一样，丁薇的言谈举止有一种天然的冷——这是我在她远离市中心的、音效在整个北京都数一数二的工作室里见到她时的第一印象——但她却其实是和我一样眷恋北京的上海人，并且在很多观点上认知一致。"环境对人的影响还是很大的，因为上海的一切都很精致，所以自然而

然你的打扮也会精致起来。"丁薇毫不讳言自己曾在华亭路市场淘货的经历，
"在我离开上海的那个年代，1996 年吧，上海的状况基本上是，会以衣着
来判断人——但这件事情在北京是行不通的。"她至今依然很鼓励人去北京
闯一闯，"我喜欢北京更大的原因，是大家都活得挺糙的，但有趣的人比较
多，聊的话题比较好玩儿。"

　　事实上，丁薇成名时期的那些曲目没有充斥我的青春岁月，但打动我的
却是她为一部名为《剧场》的电视剧所作的片尾曲，她安静淡然的女声，和
剧中性格倔强、纯粹、真实的话剧女演员郁珠跌宕起伏的人生际遇微妙地重
叠交织在一起。在丁薇没有出新专辑的日子里，她当选秀节目评委，做很多
影视音乐，看到了更多的人性，如今她说："放弃是容易的，但要知道，有
时你放弃的是你自己。"

　　"流行不是计算和预测出来的。"丁薇说。

　　"你就是梦中闪烁的脸 / 多少次望着你 / 只想靠近一点 / 可你却是一阵
烟 / 一瞬间就不见 / 就算欢喜只有一点点 / 还是眷恋……也许终究有一天 /
你会说出再见 / 我的青春 / 从此被告别。"我忘了我有没有告诉丁薇，听到
她这首歌，是我决定杀回北京前在上海逗留的最后那段日子里。《剧场》和
她的词曲，成为了我心底祭奠青春的最后歌目——当你明白自己真正的眷恋
所在，一切看似未卜的前程也将不再模糊，剩下的就只有义无反顾。

独家对话

D：我很好奇，你觉得自己是大众的还是小众的，流行的还是非流行的？

丁：从中国的现状来讲，我一定是小众的，非流行的，这是肯定的，对。

D：你介意这件事情吗？因为你给我的感觉是，你好像并不惧怕自己成为小众？

丁：我现在当然不介意（笑）。当然在小一些的时候，比如说刚刚出第一第二张唱片的时候，还是会有一点点的不平衡，加上周遭也有很多朋友会替你做惋惜状（笑），有一段时间我在犹豫，甚至也在想我是不是应该用这种曲线救国的方式去做自己的音乐，但是后来随着我对自己创作、对我自己这个人的性格越来越确定以后，我觉得，每一步如果我走的不是我想走的，如果仅仅是说好像为了达到那个目的，我中间要做一些自己不想的——这还不是普通所说的妥协，我认为——这实际上，你认为你可能只是做了这么小小的一个妥协，但是你在这条路上已经走得不一样了，你获得的东西，你自己的表现，这些东西都会影响你自己，所以其实渐渐的，你可能就不是你了。我这个人活到现在，有一个原则，就是不要做让自己后悔的事情，这个就是会让我后悔的事。所以相对于说是不是更大众化，是不是更流行化，我不太愿意用这个作为代价去交换。

D：有人告诉我说上次是在菜市场碰到你的——所以你觉得这种日常生活的琐碎和文艺情结是不冲突的是吗？

丁：对对对，然后各自都很慌乱地打了一个招呼就走了（笑）。我不文艺的，至少现在完全不文艺了，我觉得我的文艺最多留在上海的那段时间，真的，那段时间还是小资吧，就是说你的情怀还是落在一个比较小的东西上面，尤其是女性情怀的东西特别多，我自己个人认为是这样的。其实我们现在泛指的这些文艺大家都知道，就是某一类的图片修成什么颜色，穿成什么样的衣服。

D：我觉得真正的文艺显然不是这样的。

丁：是，但是我也是一直会想要去掉自己身上的文艺的，当然其实肯定还是有，不能去得很干净，但是尤其作为创作者的时候，我还是尽量会去除一些小情小调的东西。我其实更希望能探讨一些人性深处的东西，包括跟这个世界的关系，就是说我更愿意从一个人，而不是仅仅从一个女人，或者说不仅仅只是关注在两性关系上。这世界上百分之九十九的歌词都是情歌，男女之间的事情，我还是尽量地想跳脱出这个，经常有时候会写一些跟两性关系无关的事情。比如新专辑里的《已来不及》，我就是在写一个人从出生到长大，再到成熟的这么一个过程。

（原文刊于《大众电影》第 918 期 "茶叙"，本文有补充改动）

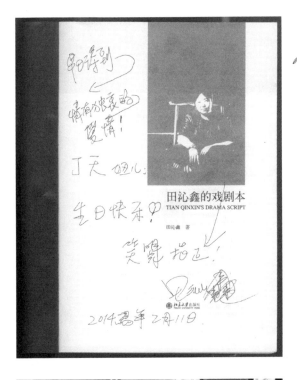

慈悲

「慈悲是要勇猛的。」——田沁鑫

D 小姐手记

　　同为水瓶座的毛姆说：失恋的时候，去看看海，一切都会过去的。而我觉得，失恋乃至一切失意的时候，去看看戏剧，一切都会过去的——我不知道为什么，在"治愈"这件事情上，戏剧比电影彻底。"戏剧，它能够说出人心灵的秘密——电影，它可能借景生情，这景就走掉了；但戏剧没地方可走，所以戏剧就是靠人的表演，在一个黑盒子里面，去跟你诉说它所有的复杂和所有的秘密，这是戏剧最动人的地方。"探班 2015 年末场场爆满的史诗大戏《北京法源寺》时，田沁鑫再一次回答我的困惑，而我觉得，这已经不是戏剧之于电影的差别那样简单的问题了。

镜头背后

无论电影还是戏剧，文艺是拯救不了你的生活的，但如果你敏感和勇敢到不取悦的程度，它可以激发的是你"变革"的决心。

好的话剧，是和爱情一样很容易打动乃至"偷"走人心的——虽然对少女来说，你很难说这是不是一件危险的事。

我始终记得，大学时我看过的最好的话剧叫《偷心》——那是一部比同名电影更打动人心的经典戏剧，虽然我先看的是电影。即便有我最喜欢的女演员娜塔丽·波特曼头顶粉色假发从钢管顶端旖旎而下，但如此都市小品电影化的浪漫与轻浅，却难免转移了注意力，削弱了让观者直面人心的力量。

而以戏剧方式呈现出来的《偷心》则完全不同。这个关于两性和背叛的故事被四个主角演员以极度痛苦、分裂和崩溃的精神状态演绎出来，并在某种程度上是迫使观众进行直面——除却黑白灰、斑驳的砖墙、女主某刻一闪而过的猩红嘴唇与热舞时的高跟鞋，舞台几乎没有任何别的色彩。它的宣传语亦简单明了：如果你看懂了《偷心》，那么你一定是一个有故事的人。

我的戏剧经历或许源于安福路上安静的法式小楼，《恋爱的犀牛》让我看到了那个如明明一般"勇敢、坚强、多情的"自己，这一切却一定是在北京得以壮大成型，变本加厉——住在苹果社区的第一年时，木马剧场的一场场实验话剧是我恋情不顺遂时最忘我的安慰，而在保利剧院的包厢，当我手里拿着两张《柔软》的票，北方的冬日刺骨寒冷可我的手心却是冷汗直冒，而身边的位置直到开场依然空无一人，我知道，我该放弃了，因为我终是没有遇见"每个人都很孤独，在我们的一生中，遇到爱，遇到性，都不稀罕，稀罕的是遇到了解"里的"了解"。

再然后，我分手、心碎，说不清还能再经历这样周而复始的过程几次。来京第二年的一个下午，我机缘巧合地跟着一个朋友去到了田沁鑫在一条幽深胡同里的话剧排练场，一直待到深夜——这就是我喜欢北京的地方，一切深情都来得毫无预警，唯有缘分二字可解——目力所及的一切都很破旧，田导裹着棉衣坐在长桌后面，所有平日在时尚杂志上看起来涂脂抹粉、千篇一律的男女面孔在她清明的眼神中却是一视同仁、无处遁形。至简至朴，自有其魅力，我在那一瞬觉得身心俱清。

有赤子之心的人，必会烦心于人情世故，有太多人和事需要周全——那一年，我在田导的剧场里看了她的爱情三部曲：《青蛇》《罗密欧与朱丽叶》《山楂树之恋》——这未必是她的本意，却都被她诠释出了某种田沁鑫的气象。她说《罗密欧与朱丽叶》和《山楂树之恋》："必须以死终场，没有其他可能……这样理想化的感情在俗世层面上不能存活"；她说我和朋友们都最喜欢的《青蛇》："青蛇像转世的朱丽叶，不同的是，朱丽叶虽然死了，却真的得到了爱，而青蛇其实什么也没有得到，只是自己独立坚强地活着。至于"爱情"，她告诉我："爱情是短暂的，让爱情持续需要参悟爱的能力……我40岁了，我看到的大多数爱情都是不被参透的，甚至是没有爱的。我看到的都是激情、欲望。"所以她早前为《红玫瑰与白玫瑰》写下了这样的结局：你做了这样的选择，不过是因为你懂了。

我没有告诉田沁鑫，在这样看似遥远的隔岸观火中，我对爱情的信心和气力，居然一点一点恢复了。更重要的是，在她对执导诸多爱情戏的矛盾反复中，于我却是深刻地被点悟到了：人生还有很多比爱情更重要的事情。

她的2015剧目中，这一点表现得尤是。譬如《生死场》，最让我动容的台词说：暖和的季节里，村里都在生。当一切善恶是非恩怨都颠倒时，与其生老病死，不如醉生梦死，这对很多麻木不仁、混吃等死的人都是定论，可是应该有更多人可以有这样的骨气和志向：并不是活着就好，而是死了也得生。

当然，还有慈悲。"我还以为慈悲是善良。""不——慈悲，勇猛多了。"我问田导："这是李敖先生原著中的吗？"她笑答："不，这是我总结出来的。"我知道，早在《青蛇》时，她就想做一出事关"慈悲"但更慈悲的戏："我对小青还不够残酷。她是会在俗世层面上被诋毁和伤害得最深重的一个女孩子，如果这份差距出来了，可能真的'慈悲'就出来了……而并不是像目前展现的这样，依然停留在表象的、来自法海的似是而非的关怀。"她说，

"因为伤得不够重，所以要得才太浅。"

这一年，所有人都发生了很多事，所幸田沁鑫的剧场如道场，依然是像定海神针那样的存在，从十六年前的《生死场》到《青蛇》，有了《北京法源寺》的加入，更平添了慈悲之味。如今我觉得，就像爱情一样，区分电影之于戏剧的影响和差别，已经不那么重要了——因为，无论电影，还是戏剧，文艺是拯救不了你的生活的，但如果你足够敏感和勇敢到不取悦的程度，它可以激发的是你"变革"的决心——比站队更重要的是，当中国电影和杂志界多出现一些如坚守戏剧创作者般的非从众人物，眼下的所谓看似繁荣和衰败才会有底气和有希望得多。

"知识分子总是在空谈，但一个新变化的产生，必须要被客观地看待。"田沁鑫的《北京法源寺》里，她让"复杂地活着"的维新斗士们如此说。

独家对话

D：现在回想，你再去看李敖先生的《北京法源寺》这部小说，当时最打动你的是哪一点，或者是哪一个人物？

田：谭嗣同。他是个佛教徒，但是他本人呢，又做的事情非常极端，最后他可以走，他居然不走，这个事情完全是人堆里挑出来的一种奇特的人。正常人不会推到极端上去，也不是他这样的佛教徒，佛教徒都很温顺的；但是他认为慈悲是要勇猛的。

D：从业至今，你觉得戏剧是什么？相比电影的终极魅力是什么？

田：我觉得戏剧是影视创作的一个母体，全世界很有名的演员，大多都是戏剧演员出身。比如说像英国的卷福，大家都很喜欢他，他是戏剧演员。像斯皮尔伯格导演说英国演员是全世界最好的，为什么？因为它戏剧环境好，所有的演员都是戏剧演员，去做电影，那么他的气质就不一样。戏剧，它能够说出人心灵的秘密——电影，它可能借景生情，这景就走掉了；但戏剧没地方可走，所以戏剧就是靠人的表演，在一个黑盒子里面，去跟你诉说它所有的复杂和所有的秘密，这是戏剧最动人的地方。

D：你的戏剧理想是什么？

田：我可能会是一个中国文化的殉道者，一个文化资源大国，你怎么样在新的时代里面能够配套你这个文明古国——你那么好的文化资源，那我们现在难道没有古人有能力了吗？我们做不出来像《牡丹亭》这样的作品，我们也做不出来《红楼梦》，那我们是退化了，还是怎么了？我们今天的中国电影创作也好，戏剧创作也好，包括我个人，我很想能够做出有结构空间的、工程化的作品。

（原文刊于《大众电影》第919期"茶叙"，本文有补充改动）

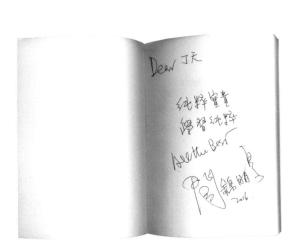

纯粹

「一定要有排空一切，只面对自己内心想做的纯粹的执念。」

——关锦鹏

D 小姐手记

午夜梦回时，我会想起《纽约纽约》的开头：那个上海女孩，黑色的中分短发勾在耳后，从母亲处继承下来的经典款米色风衣有着一个世纪以上的优雅——她走进大洋彼岸此端这个夜夜笙歌的派对房间，眼梢微吊，目光中透出一点打量、失望、平静与压抑的惊诧，就好像爱情经过，然后静水流深。她在一隅落座，所有人的目光都有意无意地注视着她。"她是谁？"拿着酒杯的洋大佬低头问。"Not my cup of tea！（她不是我的菜）"带她入门的中国男人这样轻俏地回答——直到他们回到公寓，面对她爆发的眼泪，他对她说：你可以住一阵，也可以走，随便你。他用前所未有、抑或是真相的眼神冷酷地回望向她。"无所谓，this is New York。"他说，"你一直朝思暮想的地方，就在你的脚下。""是命运，让她一直走过来，一直走过来——女性的悲剧往往是，人家相信了她的柔美，对她有更多的幻想，结果不是，她的内心有她想要的东西，这不是错，只是错位。"关锦鹏说着《纽约纽约》中的阮玉鹃，就好像在说他拍过的阮玲玉和如花：一个她，在那个夜晚忘我地跳着伦巴；另一个她，在消失之前回首凝望。

镜头背后

所有的动人，都是曾经真的动情。

我总有一种错觉，真正懂女人心的男导演就好像总是可以看到不为人知处哀愁的上帝，在他们面前静静待着，你可以看到自己——看到满眼望向命运的悲悯，还有他满脸如隐秘的皱纹般，节制的哀戚。

和关锦鹏的初次相遇在香港一个名叫"浓情"的酒吧——是香港常见的那种小酒吧，以霓虹灯镶嵌，枝节缠绕的繁体字在夜色中挥发出荧荧之光，恰逢那晚的香港街头飘起了小雨，传神地仿佛再现了张爱玲《金锁记》中描述的"千万粒雨珠闪着光，像一天的星到处跟着他们……汽车驶过了红灯、绿灯，窗子外荧荧飞着一颗红的星，又是一颗绿的星。"

我向来觉得，张爱玲的文字，是薄情中有浓情的。多年前在上海看过关锦鹏的《红玫瑰白玫瑰》，我知道他喜爱张爱玲，但那一整晚聊的都是电影。我们都很喜欢那时正在香港上映的《房间（Room）》（港译：抖室），不是因为演技，也不是因为悬疑，而是因为已经很长一段时间没有出现这样的电影作品了：只是借用一个耸人听闻的故事的外壳，却是以一个孩子的视角探讨了人际关系的距离与疏离，尤其是电影的后半段，当作为获救受害人的母亲面对众人窥视的眼睛，是从一个房间进入了另一个房间，心灵依然被禁锢，直到一部分被孩子化解——这是比视角和故事更重要的东西，这是一个创作者独一无二的选择。

"好电影不怕剧透。"那一晚的关锦鹏反复说，在那个名为"浓情"的酒吧里喝了一杯又一杯老板娘过来添加的酒，"做电影，一定要有排空一切，只面对自己内心想做的纯粹的执念。"

监制《纽约纽约》后，关锦鹏自己写了一篇名为《我的"纽约纽约"》的文章，结尾中说："纽约纽约"是 20 世纪 90 年代每个人心中的一个期望和希冀，我的"纽约纽约"可以理解成电影梦吧……我今天活到这个岁数，拍了很多电影。在拍电影的过程，也失去了很多应该要珍惜的，包括我母亲的健康。说到底，每个人的"纽约纽约"都没有回头路。现在如果要我选，我还是会选择拍电影。

都是走不了回头路的人，这就是梦中人的让人心疼。所以，光阴流转，作为监制的关锦鹏，愿意帮助 15 年前时任《蓝宇》剧照师的罗冬实现他的这第一场电影梦，与此同时，关锦鹏和张叔平的影子又出现在电影的很多图景中，是《纽约纽约》整部电影里的最优美、最动人、最如梦之处：她就是要走，谁也拦不住，她冲出长大的阁楼、弄堂、母亲的目光、他的爱情，哪怕爱情中每一次两人亲吻的声音都仿佛在镜头中清晰可辨——但还是那件风衣，她穿去了光怪陆离的纽约街头，身旁穿梭的纽约出租车特有的明黄色不耐烦地呼啸而过，比米色更深，把茕茕的她渐渐淹埋了下去……

　　"您觉得爱情最动人的是？""可能这跟我个性有关系，我情愿自己受伤害，多于说我去伤害别人，我觉得爱情动人就是你爱一个人，你不怕被他伤害，而且甚至有些自虐地甘愿被他伤害。"关锦鹏在面对我的此问题时提起了张叔平，"叔平觉得我拍得最好的电影是《长恨歌》，他觉得我节制、冷静，现代人就是那样，只是拍早了。"

　　而在关锦鹏多年前执导的《人在纽约》中，同样的场景，纽约街头，张艾嘉身着风衣扬手打车的姿态终究显得不同。"《人在纽约》里面有三个女性，张艾嘉那个角色我真正在说的是，她其实没有看透自己的那个高度在哪儿。"关锦鹏回忆说，"那是我在身边一些女性朋友身上看到的，也是我执意放大了去表达的。"电影最有趣的莫过对照戏中人的人生——仿佛宿命一般，走过了很多"爱的代价"的张艾嘉年过不惑才出了人生第一本书，名为《轻描淡写》。

　　而我突然有一种想法。或许，一部电影，一个故事，一段奋斗史，是发生在上海、北京还是纽约都不重要，重要的是你有耐心去看清自己，不要迷失自己的心。我是幸运的，因为青春期的交换生经历早早去过了纽约，所以直到大学毕业我都没有迷失在那时人人都迷恋的"纽约梦"里——我亦相信，每一个人心底的纽约故事，都是写给自己的梦。因电影《纽约纽约》上映重新录制的老歌《潇洒走一回》里歌词依旧：聚散终有时。爱情、人生……所有的动人，都是曾经真的动情，然后依然可以再次出发，去到我们想要抵达的地方。

独家对话

D：现在很多这种所谓的爱情小品或者是情感小品，我觉得它的力度不太够。

关：审美跟世界观，我觉得某个程度是你说现在很多爱情电影都不够好看的原因。

D：我觉得其实你选择的基本上大部分迷人的女性角色，都会有一种悲剧美，在你过去的代表作中都是这样。

关：我觉得真正的女性悲剧，是命运或者个性上的一种矛盾带来的可能性——人家相信了她的柔美，相信了她的阴柔，对她有更多这种幻想要求，结果不是，她是内心很强大，有自己非常独特的一个想法的，这个往往是一个错位的东西。这种错位我觉得，那个反差，比如说貌似有柔美、阴柔，很妩媚，但是里面那个涌动，那东西是很吸引我的。

D：男人也可以这么处理，你觉得女性区别于男性的最大的特点是什么？

关：我不能说只有女性看事情比较细，但是大概，的确我身体里面有一种敏感，甚至有些时候我所看到的女人引起我的创作一个角色的原型的那种细节，我会把它放大，但是那个放大其实很有趣，我在创作过程里面常常是既用男性角色去看她外在的东西，同时我要用女性的身份，一些心思，去挖掘甚至放大那个东西。我觉得电影很多时候是生活上你找到有趣、打动你的东西，但是你要透过戏剧的处理手法，不择手段地那样来放大（笑）。

D：我就觉得你拍的女性很多是一生——就是它不是光截取那个青春的片段，它是从青春一直漫长燃烧的一个过程，一直到结束。

关：对啊，拍完《胭脂扣》以后很多人就觉得，那个拍《胭脂扣》时候的关锦鹏应该满头白发。就是应该很成熟，很老的人。某个程度跟我会用另外一个思考有关系，伴侣都找不到的话，那我接着一生是怎么样，我会想这东西。所以自然而然，当角色出现的时候，我尽量可以让我看到这个人物，你说得对。

D：我有点明白，就是你其实可以体会女人的一种非常态的状态，或者是非常规的一种人生轨迹的那种心理。

关：对啊，比如说《红玫瑰白玫瑰》里面叶玉卿演的孟烟鹂，她之前的那种境遇，现在女性可能不一样，但是我看到我妈妈，甚至我外婆那一辈，就是到最终主导家庭的还是女性。我觉得中国女性嫁给一个男人，是骑上了虎背，下不来了。但是到最终，有一天走在楼梯，濒临崩溃，又已经很淡定的这样下来的人生，我觉得她已经是反败为胜吧。

（原文刊于《大众电影》第 918 期"茶叙"，本文有补充改动）

乌尔善

[我的作品不是东方魔幻,而是一则寓言]

这是让人耳熟的事实:票房过7亿的《画皮 2》不过是乌
尔善执导的第二部电影,得其处女作《刀见笑》则是20
世纪福克斯国际制作非全球发行的首部华人电影。从
好莱坞足到华语电影最最高票房纪录的创始者,顺应创造
了香许娱乐界速度急速迫乌尔善,他究竟有什么魔力?

美学

「美的终极指向，是人性。」——乌尔善

D 小姐手记

　　为了这个久违且久别重逢的专访，我没有参加第 52 届金马电影节最后的颁奖礼，提前从台北飞回了北京——事实证明，这是一个天意般明智且值得的选择，那一日，台北笼罩在雨滴纷落中，而北京则是雪花纷飞——看着雪后京城白茫茫一片大地真干净，就好像在看一部电影从无到有、归于无、又至下一部的历程，能做到这一点，既是长情陪伴的佐证，也是人生殊途的同归。乌尔善导演耗时三年半之久的第三部电影"鬼吹灯"之《寻龙诀》，在 2015 年银装素裹的冬季登陆大银幕，此时，距离他以第一部电影《刀见笑》荣获金马"最佳新导演"，不过四年；以第二部电影《画皮 2》的破 7 亿票房刷新当时的华语电影最高票房纪录，不过两年多的光景——这些数字已然是曾经的"新人导演"乌尔善的故事里广为人知的部分，但我以为，被斤斤计较、分秒必算的从来不该是成名与成功的时间——乌尔善更催人奋进且不为人同的，是在人人热衷于自我炒作的当代世界，他作品的名字，却跑在他的名字前面——真正的创作者，永远都在寻找比名气更重要的东西。

镜头背后

你的积累能有多深，呈现就能有多真。

　　上一次见乌尔善，我还是以时尚杂志编辑的身份去《寻龙诀》剧组探班，兼做拍片搭景的准备工作。那是距市中心遥远的中影怀柔基地，美术制景是在之前的华语电影里从没有达到的规模，乌尔善脚蹬沾满尘土的黑色马丁靴带我在其中熟练穿梭。之后，在秋转冬季的某一天里，我和他从《画皮2》里御用下来的剧照摄影师在中影基地16个影棚中的一个里搭了三个大片用景，分别用红幔帐和木架代表《刀见笑》、紫绸缎和舞者代表《画皮2》以及蜡烛和漆器代表"鬼吹灯"之《寻龙诀》，但身穿他自己最喜欢的山本耀司长黑衣的乌尔善在转了一圈审视这三个场景后，半开玩笑地告诉我们：要是我的电影道具师这么不严谨，肯定早就被我开了。

　　如果你了解乌尔善——从全中国最好的油画系转身，广告导演和当代艺术家一做十年的从影之路——就不会奇怪他说出这样的话。事实上，这也是我在那之后的不久从时尚杂志转身的原因之一——某种程度上，时尚之于艺术，就像广告之于电影，尽管表象相似，但前两者都以用最商业的方式制造消费幻境为目的，后两者却有可能去虚拟出极致的梦境与人性的真实——你的积累能有多深，呈现就能有多真。

　　而在中国，在这样一个银幕激增、热钱活跃的新兴电影市场，也许找不到比乌尔善更适合拍故事、视觉与人性均不误的东方题材之奇幻大片的人了。

　　"奇幻可能对人们来说，就应该是天马行空。"他说，"但我觉得，所有的幻想都依据于真正我们经历过的现实，面对生与死的绝境，人性去做何选择，这个才是真正有魅力的。"

　　每一次和乌尔善见面深谈，我都觉得，他可能是我认识的中国最懂电影美学的商业大片导演——在他看似大制作、大投资、大明星的电影"标配"后面，若足够深聊，你总能发现一个讲求速成美的时代里，鲜见的剧本创作的幕后故事。

　　《画皮2》时，乌尔善生生推翻了制片方邀请的编剧已经完成的剧本大纲：一个关于王生的儿子王英到西部边关去寻找父母，碰到狐妖小唯后俩人相爱的故事。"重写，不是改写。"他当时和我解释说，"不能是一个男性的成长故事，这个故事方向不对。"结果是，他用自己20万的积蓄找来曾获茅盾文学奖提名的小说家冉平，共同在"皮相"与"心相"的命题下创作了一个八千字的电影故事大纲，打动冉平的不是现金，而是"很多文艺青年跟我谈理想，写完以后就消失了；他却在我还没有开始写的时候，就已经展现了足够的诚意"，以及乌尔善的直接，"用商业的皮，包装文艺的心——他告诉我，无论电影还是小说，这是必须的。"

　　这一次的《寻龙诀》，同样被乌尔善打动并参与创作、演一个原小说中没有的虚构反派角色的，是从上一个中国电影黄金时代行至今日的一代女星刘晓庆，"和以前不同，现在就等于剧本是'热的'就可以拍了。但是我觉得还是尊重电影比较好……乌尔善拍《寻龙诀》做了三年半的时间，我就特别欣赏这样的创作者。"在她说的三年半时间里，乌尔善向我坦陈"剧本部分做了两年"，并且他终于做了一个《画皮 2》里没有做成的"男性成长故事"。

　　"我总觉得可惜，大多数观众对您的印象还是一个以视觉擅长的导演。"我对他说。

　　"没关系，所有人对你的印象都是因为你之前做过什么，或者什么东西刺激到他们……电影，是在跟时间较量，用很长的一个时间，很长的一段生命，去做一个两小时的事情。又不能每天回家，不能去跟家人过平常的生活……值得的感觉，是你觉得我愿意用生命中宝贵的时间去换取。应该是这样吧，否则你为什么要做电影？"乌尔善虽是边笑边题词了一句"走着瞧"，却是认真地看着我，"我所关注的主题，我所想要拍的电影，一直在我自己的脑海里面，相信我，我还能拍 20 年。"

独家对话

D：所以你真正想说的是几个不同背景的中国人的个人历史所拼成的故事？

乌：这里可能不能说是我真正想说什么，而是说我觉得一部好的电影，它一定是可以多种解读的。

D：特别注重故事和剧本创作，我觉得这是你的特色之——把"鬼吹灯"这样一个 IP 值非常高的、有原著的小说做成电影《寻龙诀》，你做了怎样的努力？

乌：整个项目做了三年半，剧本部分做了两年。我觉得，《鬼吹灯》在探墓小说里面它是一个开创者，也是影响力最大的一部小说，相当于它是一个很丰富的、拥有无数非常漂亮的元素的一个矿藏，但它作为一个电影，还需要重新去组织和整理。原著里面它的主题是比较模糊的，它就是经历一个一个故事，但是电影你不能只做到这一步。这个探墓的小说触及到一般人知识经验之外的很多东西，都需要我们花一定时间去了解，去掌握，去把它变成我们创作的素材。针对奇幻冒险这个类型，如何达到类型的标准，我做的另外一件事情就是类型电影研究，找到这种电影的创作规律。最后，又要找到一个我感兴趣的主题。

D：我知道，你曾说过你对小情小爱不感兴趣，美与故事，你永远更看重故事——对你而言，这次你想表达出一个怎样的故事？

乌：其实首先，《鬼吹灯》我觉得打开了一个中国人的想象世界，它所触及的一些墓葬的文化，中国人对死后世界的想象，这是其他民族所少有的。另外，除了东方式的想象力之外，我觉得最重要的是它创造了几个非常有质感的人物，探墓的高手经历的那个世界是你完全不了解的，但这些人物又生活在一个真实的时代，他们的说话、行为方式、所谈到的话题，其实都是有特别典型的 20 世纪 80 年代的特征的，因为我是成长在 20 世纪 80 年代，我对那个时代特别有感觉。

D：我很难想象在这样一种奇幻片里面居然还需要这样的功夫。

乌：这是我自己对这种电影的一个理解，因为奇幻可能对人们来说，就应该是天马行空，但它一定要有一个扎实的根基，现实与奇幻共存，神话世界与现实世界并置，我觉得这个才是真正有魅力的，所有的幻想都依据于真正我们经历过的现实。当时我觉得这个故事有意思的是：它并不仅仅是一部娱乐化的类型电影，它其实还能够非常有新意地去展现我们中国近代所经历过的那些真实的社会变革，这就是我一直特别感兴趣的。

（原文刊于《大众电影》第 917 期"茶叙"，本文有补充改动）

青春

『理解了自己，就理解了自己所追寻的。』——岩井俊二

D 小姐手记

　　岩井俊二这个名字，几乎是我及至一代中国影迷青春期记忆中的电影代名词。在他的影像中，阳光、流水、绿野……一切微不足道的日常景象都能累积成为平淡中渐起的波澜壮阔，演绎一场完全在意料之外的人生——这几乎也是"电影"这种艺术形式的存在之于多数人的意义，但这是一直要到成年乃至成年一段时间后才能明白的事。而青春的意义，也绝不该仅仅是回忆。

镜头背后

其实青春是不会消失的，它的印记会在之后人生的每一个阶段得到印证，关键时刻尤甚。

在专访伊始，岩井俊二就坦承自己并非中国影迷印象中的"青春片教父"。距离上一部真人长片十二年之久的《瑞普·凡·温克尔的新娘》，反映的是现实社会的危机、生活在其中的不知情的人们，以及他对这个高速信息和网络时代的感触，"对于日本人来说，可能我自己也是那样，大部分的日本人就是都离不了青春的——在某种程度上就是长大成人以后还是不够成熟，还是保持着青春的状态，所以等于是我的故事，也是脱离不了青春的大人的故事。"

他不会知道，在青春期的我所有想要成为的大人名单中，他是第一个。

最为中国影迷所熟知的《情书》是岩井俊二赢得无上声誉的成名作，同时也是其电影长片处女作——彼时，高三立志要做电影导演、曾以电视短片《烟花》（1993）赢得当年日本电影导演协会评出的最佳新导演奖的岩井俊二，不过32岁——在我看来，这是个不致于被一夜名声冲昏头脑，又能在一定程度上获得物质与创作自由的好年龄。凭借《情书》，岩井俊二告别商业电视剧，正式成为电影导演，随后以一两年一至二部的惊人创造力导出了

《梦旅人》（1996）、《燕尾蝶》（1996）、《四月物语》（1998）、《关
于莉莉周的一切》（2001）、《花与爱丽丝》（2004）等一系列在国际范围
内亦引起广泛共鸣的青春题材电影，尽管模仿者众，但其风格至今仍独树一
帜。日本业界指出，"他的杰出之处在于，尽管一些微妙的感情很难用镜头
展现，他也能在自己的电影里把它呈现出来，尤其是，那些身为'人'无法
摆脱的抽象的寂寞感。"事实上，这种抽象的寂寞感和特有的疏离感，正是
走过青春期后回首再看那些表面看似浪漫唯美的影像中能看到的实质，某种
程度上也是严谨、慢热的岩井俊二本人的特质。

现在想来，无论电影内外，青春不朽的秘诀并不在别处，而正是"看见
一个'不坏的你'"——这是岩井俊二种种青春故事的轴心，也是他总能"看
见女演员"的异于常人的本领。在《瑞恩·凡·温克尔的新娘》这个和网恋
男友结婚、却在寻找自我幸福的道路上障碍重重的"脱离不了青春的大人的
故事"里，扮演好女孩七海的日本女演员黑木华与岩井俊二因为多年前一档
选秀电视节目相识，提及黑木华，他难得地说了一长段："黑木华可以把角
色的个性还有自己的存在感结合起来，一边演绎着人物的个性，一边把自己
的魅力散发出来，我们只要能好好地感受这两个特点就好。"

在被问"这么多年过去了，你觉得拍电影的意义是什么？"这样的常规
问题时，岩井俊二出乎意料地沉默了良久，"现在对我来说，拍电影已经和
我生活下去的人生一样重要了。因此，总想拍出好的作品。"他一字一句地

沉吟着说，"但是，电影，就像是一直陪伴我走下去的伙伴一样的存在。"

听闻至此，如水的阳光下，耳畔仿佛有《瑞普·凡·温克尔的新娘》中清洌如水滴般的音乐响起来，透明的蓝色水母恍入自由之境般飘荡，和两个女孩面前的酒瓶，隔着两重世界……"无论喝多少，其实都醉不了。""为了这滴眼泪，我可以什么都不要。"

这是全片我最喜欢的台词。青春，是写给自己的决绝情书不错，但更重要的是，其实青春是不会消失的，它的印记会在之后人生的每一个阶段得到印证，关键时刻尤甚。

"因为无论要表达什么东西，只要自己理解了，就可以了。总觉得理解了自己，就能够理解了自己所追寻的，不是很好吗？"岩井俊二如此阐释"青春"的意义。这个和我们一起度过的上海午后，他站在和电影几乎同样场景的白色窗帘边拍片，望向对着他的镜头，嘴角展露出难得的笑意。"你听，相机快门'咔、咔、咔'的声音。"他扭头对我，又像是自言自语道，"好像在说，对，对，对，对。"

独家对话

D：为什么一定要执意地选择自编自导这种方式？

陈：自己正在做的这些工作是因为这些是必须要自己做的事。而且，在那之

中，长大成人后，为了成长也要自己做。

D：《瑞普·凡·温克尔的新娘》的发布距离上一次电影很久了，有 12 年，从动画电影重新回真人片场，有没有一些新的感受？

陈：拍动画片的时候，也是首先拍演员作为动画片的题材，然后把它画出来，有种不可思议的感觉。拍摄电影的话，就是直接用演员演的画面，所谓拍电影时的紧张感，是一种比较特殊的东西。

D：我不知道你现在回想起自己的青春岁月的话，会想到的是什么？你觉得青春对于一个人人生的意义到底是什么？

陈：其实从最开始从事创作活动起就决定了一直从事创作工作。但是那之前我更像是比较理性的人，就是对生物、环境问题比较感兴趣，现在也还非常喜欢。其实现在回想起来，这段青春对于我的创作也是有很大意义的。

D：其实你的作品给人的感觉是非常唯美的、浪漫的，但本人给人的感觉却是比较严肃和理智的——这是一种很有意思的反差，我不知道你自己会怎样定义自己的作品风格？

陈：其实还是通过日常生活，自己想要表现出来某一种东西。因为无论要表达什么东西，只要自己理解了，就可以了。总觉得理解了自己，就能够理解了自己所追寻的，不是很好吗？所以其实并没有想过自己是什么样风格的导演。当然做电影的时候，像音乐作曲一样，一定有自己的规则、理论的东西，在那里面，一定会有一部分文法，可能就是只有自己才注意到、想出来的，

别人是做不出来的。从这个意义上来说，把电影当作学问来研究，可能会更
有意思吧。

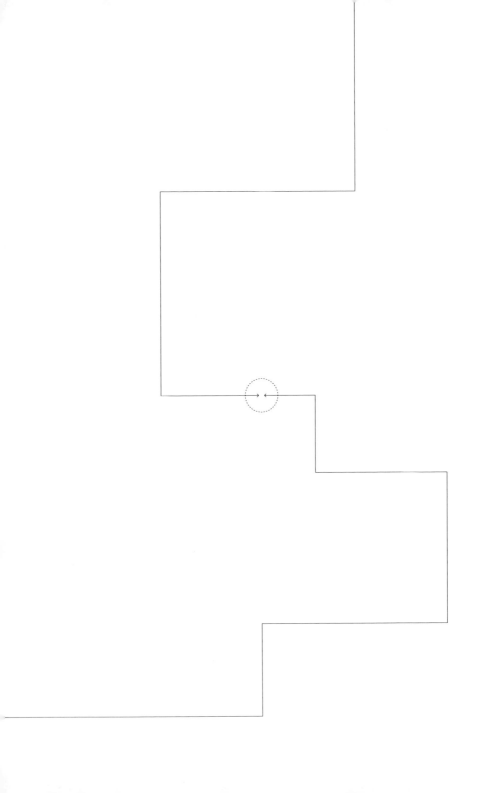

我们见自己

时光是最好的衣裳

这个人人都能拍电影的时代，它真的存在吗？

如梦，都说电影如梦，

然人生亦如朝露——

我在电影梦成真的新鲜人的经验里看到的是——

只要是一场寻找自我的旅程，大家便走过同样的路。

信仰

陆剑青、梁乐民与《寒战》系列——

承受你以为你不能承受的炙热与寒凉。

　　我和"寒战"导演二人组——陆剑青和梁乐民的相识缘于他们2015年的《赤道》。那次动身去香港之前，几乎从来不看港片的我特地挑一个周六看了《寒战》，并咨询了身边有"港片情结"的男人，我这才发现，港片大约是从"60后"到"80初"的几代人荣辱共生的一种情结。

　　在那些遍布大街小巷，穿越过污水四溢后可以抵达的录像厅里，共同抵达的是那样一种桀骜不驯的雄性理想：不臣服于命运的骄傲的灵魂，远离鸡毛琐碎和支离破碎的江湖人生。电影之于人生的意义，很多时候就是这样——帮你实现你在生活里不能实现的——导演拍他们想象的故事，演员演自己想尝试的人生。

　　成名不一定幸福，但梦想成真的感觉肯定幸福。

　　当然，现实比电影中的梦想成真难。上次见，他们明显处在第二部大手笔作品的创作进程与未受肯定的焦虑中。这两个在严苛的香港电影行业摸爬滚打、几乎以片场为家的人，因为《寒战》一战成名，彼时刚刚拥有自己的工作室不过一个多月，门对门的两个透明隔间里，陆剑青面对的是若干泛着金属光泽的机械模型，梁乐民则是一整面书墙，有金庸的《笑傲江湖》、手冢治虫的《怪医秦博士》和村上春树的《挪威的森林》《寻羊的冒险》。

　　幕后工作者的灵感来源之地向来让人好奇，但看多了我便日益觉得，这些都是表象——什么灵感来源、八卦传奇，都不敌脚踏实地的认真事迹。认真——这就是后来一年多的不见里，一回忆起这场采访、这两个人，我就能回想起的关键字——一个焦虑地说"每天都在追杀时间，每一分每一秒都太贵了，现场是执行时间，不是讨论时间……我们还在做小工的时候，看到过很多很浪费时间的事，两个小时的灯白打过去……搞什么鬼呢？我们不要犯这个错"；一个严肃地说"现在每个人都有一个自己的世界，你要人家两个小时听你说，就不要让人家觉得浪费时间，要让人家在戏院觉得很开心、很兴奋，而不是想要拿刀片割破戏院——都是这么过来的，这种感觉我们很清楚！"

尽管如此，《赤道》没有获得《寒战》那样的成功，业内的普遍评价是：工业水准无差，故事野心太大。

所以——信仰真的不是战无不胜，但若没有信仰，这条路轻易走不下去。

《寒战2》把舞台从《赤道》的亚洲调回了熟悉的香港。这一次再见，我觉得陆剑青和梁乐民明显变了——不只是比上次高兴，而且自信，那是一种轻松感爆棚的新自信。

像《赤道》一样，《寒战2》安排了爆破，但不似《赤道》中那样刻意设置了一个虚构的"手提核爆装置DC8"，而是把爆破安排在了地铁中，他们终是明了并呈现了"最可怕的恐怖掩藏在日常生活中"，港片前辈杜琪峰的《三人行》的医院场景设置也是如此，因为事实正是如此。

至于认真，那是一如既往、不可更改的标准：地铁的戏份，是15个小时可以拍完的场面，拍了近十天；开头的葬礼部分，为了能到真的香港警察总部外面拍告别的戏份，和警察公共关系科谈了几个月，所以现在电影最前面声势浩大的开场镜头，其实是最后拍的……"拍电影应该是要展现一些我们的价值观，我们对这个时代的看法。"陆剑青说，而梁乐民则补充说"你拍的电影，对这个社会要负责。"

对我而言，跟访《寒战》系列及导演的一路，是我真正接受了重工业电影欲望和感官刺激的部分，并且不断地体会到乐趣的路，也是审视自己"变了多少，还剩下多少"的一路。

我看到，为了贯彻这个"认真的价值观"，"寒战二人组"走了一条成名于《寒战》，挫败于《赤道》，再到再战《寒战2》的百转千回之路——信仰并非战无不胜，而是百折不挠——他们的体会，至少以我之见，都写在电影的文戏里了：

《寒战》，梁家辉饰演的鹰派人物警务处副处长李文彬最后对郭富城饰演的年轻警务处副处长刘杰辉引用了丘吉尔评价"二战"的话："这一场本来是可以避免的不必要战争——他没有说过所有的战争都不必要"；

《赤道》，陆剑青坦言之所以取此名，是"指片中一群高手能够承受非同一般的热度，以及炙热交锋的状态"；

《寒战2》，周润发作为新人物加入郭富城和梁家辉形成三足鼎立的飙戏之局，但无疑他的姿态是最傲人、淡定、好看的，浓缩在那句台词里：我不做别人的棋子。

有信仰的路，是一条"承受你以为你不能承受的炙热与寒凉"之路。

电影如此，人生亦如是。

这是在《寒战 2》北京重逢时我让两个导演补签的，签在以《赤道》为封面的、一年前在香港工作室专访他们的杂志上，他们居然还会同时注意到我的头发比当时短了，怪不得是"一部电影，两人决定"的"黄金搭档"。

（原文刊于《大众电影》2015 年 8 月刊"封面故事"及 2016 年 8 月刊"茶叙"，本文有筛补改动）

勇气

王微与《小门神》——激流勇进，是在世俗标准值得景仰的巅峰里转身归零。

　　《小门神》的开场是一个巨大的、掠过整个城市的广角镜头，那种神明视角，容易让人联想到《柏林苍穹下》那样的天使下凡的故事，但与之匹配在你耳边呢语的旁白是：是人都道神仙好，可惜成仙太难了……

　　事实正是如此：人不能够了解生来就是神仙的、属于神仙的痛苦，"了解"本就是世间最难的事。当我休假期间站在《了不起的盖茨比》曾取景的云石山庄，全部用大理石铺就的露台上第一次得以远眺大西洋的湛蓝海水，在这座曾经的美国铁路大亨范德堡家族"用文艺复兴的美学方式来表现美国梦之繁荣伟大"的奢华建筑里，能感受到的最重要的事却也不过是：无论贫穷，还是富有，世间的每个人，都不过是在各自轨道里运行的一颗孤独星球。

　　有着8年旅美经历、喜爱旅行、足迹遍布30多个国家的王微，对以上类似场景无数次亲历浸染，随口就能说出一两个。23岁时，他曾经开一辆花600美元买来的二手马自达绕美国转了几个月，在一个途经荒野驾车来到旧金山的晚上，他远望纷纷扰扰的人群和密密麻麻的高楼，突然深觉：这么多人一辈子的目的，就是为了一个房子，在这些蜜蜂窝里有一个小孔，太没有意义。中年危机时，他去了泰国，在曼谷的大皇宫外面看到两个青石的狮子雕像，"它们漂洋过海，然后特别格格不入，特别违和，我觉得那感觉就是，如果神像有灵，就该知道，站在这么一个地方的它们，本来不应该站在这个地方。"

　　后来，后者成了《小门神》剧本故事的起源——而这样的经历与想法，也终究让王微与其他成功的互联网创业者和时代成就的亿万富翁区隔开来，显得不同。2012年，王微在风起云涌和争议四起中离开"视频门户土豆网创始人"这一他曾经最为著名、几乎做什么都摆脱不了的身份。"土豆后两年就只有痛，没什么快乐。"他曾如此坦言，"我喜欢的是产品本身，当产品的作用越来越小，我热爱的互联网变成了资本游戏……也能去做，但就不是我热爱的事了。"在我看来，除却商人们关心的资本意义，真相或许比人们的想象简单得多：**世俗意义上的成功、美妙、好……未必是真的好。好不好，如何好，只有自己能够知道和达到——**《小门神》毫无遮掩的开头旁白，正印证了这一点。

　　用一个长片来做奢侈的自白书——从互联网界跨到动画电影界，大概只有王微能这么干。由王微本人亲自担纲编剧和导演的《小门神》无疑充满了寓意：人界母女"逃离"北上广，回到小镇生活；天界门神"失业"，落到人间奋斗——一个新与旧的"变革"故事。

　　"动画电影特别好的是，你可以造出一个世界，不但可以造角色，可以造故事，而且里边任何一个东西我们想要的话，都可以像做程序那样凭空精确做出来——这个比真人电影更适合我。"王微坐在其中一间墙面贴满分镜效果图的工作室里如此阐释，"互联网公司另一个让我觉得比较重要的是，人是一切，人最重要。能够分享知识，分享智慧，分享工具——这个我觉得是比较有意思的……'创造源于好奇和快乐'，苦哈哈的很难做出好东西来。"

　　显然，对王微而言，**"精确""分享"和"有意思"，这是比成功和社交更让人生快乐的关键词。**事实上，这也是他最初为什么与好友、荷兰人马克·范德齐斯一起创立土豆网——它一度成为国内最大的视频分享平台，每个人都可以上传自己的视频作品，然而当版权逐渐成为争夺的焦点、行业越来越烧钱，这个"看不到太多个体""无趣也很矛盾"的平台已经不是王微的初衷，所以他转身离开。

之于人生，也一样——只不过，极致、有趣、分享，这样的人生，本来就需要至高的门槛，更多的勇敢，尤其是激流勇进，是在世俗标准值得景仰的巅峰里转身归零的勇气。

在《小门神》与追光动画得以实现的过程里，王微头顶"土豆网前 CEO"的身份先后克服那个内向的自己，面见请教过三百多名业内人士；而在别人看不见的黑处，他一改半夜随性写作的习惯，"因为每天要出东西，而且必须要在一定时间之内把它做完，所以每天 6 点钟我就起床，早晨 6 点到差不多 7 点半是我的写作时间"。

在更远、更不为人所知的微暗记忆里，王微记得的自己是那个住在医院太平间旁边家属宿舍里的小男孩，每晚临睡前都给自己编故事。后来，小男孩长大了，他走得如此遥远，仿佛走遍了世界，但夏日的炎热、冬日的寒冷，依然一如既往，真切得仿佛摸得到梦境的质地。

"门神俩兄弟，他们的故事走向还会不一样，对吗？"

"最终，他们回到了同一个点——但将来会怎么样，也没人知道。"王微沉吟了一下，认真地回答我说，"其实对我来说，故事一般是一个问号，更多是一个疑问——就是碰到一个发生关键转折的事件的时候，你是随之而变，还是说，你想要坚持自己？"

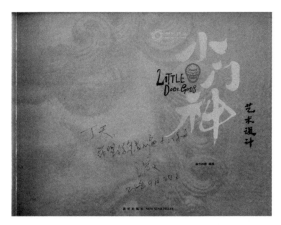

签名此与电影一起发布的别册时，《小门神》还未上映，而我出版自己的此书时，王微的第二部以中国传统"茶宠"为主角的动画长片《阿唐奇遇》已经产出，而且是唯一入围第二十届上海国际电影节"金爵奖最佳动画片"的华语电影——看来中国动画电影这条路，王微不是玩票，而是要走下去了。

（原文刊于《大众电影》2015 年 11 月上刊"茶叙"，本文有筛补改动）

英雄

杨庆与《夜店》《火锅英雄》——一个骄傲的人是如何前行的。

　　没有真正体会够生活的人，或许可以写小说，但一定不可能写好剧本。在自己也在尝试做着同样的事情之时，我才能够更好地理解那些同时身为自己电影编剧的导演，杨庆无疑是其中之一。

　　杨庆的第一部自编自导的电影，名为《夜店》，其实却是关于一间小小的超市，来往的人形形色色，呈现出人间百态：一个看似平常的晚上依次进入超市的人，有不得志的龙套演员、总说自己忙忙的警察、妻管严却也有原则的怂男、为要一根吸管喋喋不休、诲人不倦的眼镜男、黑衣保镖鞍前马后的唱片业老板，直到看似锱铢必较、实则色厉内荏的老板娘……

　　在他的镜头与情节设计中，有如此多的、意想不到又在情理之中的、能发生故事的细节，无一不是平日从生活中观察，却又从不一样的视角提炼得来——这是让人佩服却学不来的能力与功夫。

　　而徐峥在《夜店》中贡献了在我看来也许是"囧"系列之前最精彩的表演，那是身为一个做梦也想成功、所以寄望于彩票的小人物的最好的一段独白，和对命运的叩问："我非常理解你此时此刻的感受，看到自己同学这么成功，有房有车有女人，很羡慕嫉妒恨吧？你知不知道我为什么要一直买彩票？你以为我买彩票是为了钱吗？我这个人平时没有什么特殊的爱好，从小就喜欢算术，六年前我发现了彩票，我确信自己总有一天能算出一组彩票中奖的数字来，但我是孤独的——因为从来没有人相信过我……他人笑我太疯癫，我笑他人看不穿……我知道她一直看不起我，以为我是一个臭要饭的，但，我是一个做事分明的人，我有我的原则！我水哥失去的东西，我一定要拿回来！"

在有心的人这里，一切"看到"都是隐喻，也是预言。

　　没有什么比真正的文艺作品更能向全世界表述自己想法的了——不是虚构，不图虚名，如果你真的有东西想要表达的话。没有什么比杨庆拍《火锅英雄》那样的故事更能说明了：一个骄傲的人是如何前行的——

　　可以一等七年，不借着《夜店》或任何人的东风，只拍自己想拍的喜剧；

　　可以一等两年，在被陈坤拒绝后再度执着上门，因为"我写剧本的时候就觉得是你来演"；

　　更不用提非北京人、非科班出身、被人盗过剧本的"80后"的他，那些为了拍成处女作电影"比别人更敢于失败"的岁月。

　　那是奋斗过的人共同经历过的事，是成功抵达彼岸前重要但也不值一提的、不足为外人道的小事。

　　《火锅英雄》，距离杨庆大获成功的小成本处女作《夜店》过去了七年。

　　"一次又一次的失败啊，就是我做这个电影的过程。"杨庆坦承，"剧组都建立了好几次了，剧组也筹备了好几年，三年当中筹备了三次剧组，花了六七个月的时间，每次都停掉了……所以我们应该是中国电影里面筹备期最长的一个剧组。"

　　七年，什么都可能发生或不发生，这也不是一次面对面的专访，即便坦诚，就能够说清楚的。但我知道，能做自己的真心英雄，他对自己也许有过满心恶意和失望，但对这个世界，他的电影终究还是充满了善意——比如最终以"英雄"冠名的结尾与片名，"我觉得电影间最大的区别就是在于——走出电影院的时候，你的电影是不是要拍一下他的肩膀，给他一个抚慰"。

"我跟陈坤说过，我就是《火锅英雄》里的刘波，我就是那个不达目的不罢休的那个人。"杨庆说，"我理想中的这个电影，如果对于我个人而言的话，其实这个电影的结尾是刘波已经死了。它是宿命，这是宿命，不是我一个作者能够去改变的，我创造了这个故事，但故事里面的人物有他的宿命——他的宿命就是以生命来换取尊严，这就是他的宿命。坤儿当时听了就哭了。"

我突然非常能够理解男人与男人之间的惺惺相惜——男人远不似女人能够对情感进行清楚地梳理与表达，无论对爱情，还是对世界，他们唯一的方式都是赤裸裸的"肉搏"——就像《火锅英雄》里表现的那样，总是亲自用肉身去体会世间百态的腥风血雨，伤痕累累，冷酷便成了惯用的表象，是无奈，也是克制，难得的真心交付便是比一般人动人数倍的一赌。

我也终究没有告诉杨庆，他的签名档有瞬间打动到我：渣男也是人。也许没有人比我更能体会这句话了，当我拉着那个很欣赏《火锅英雄》的、彼时我的生命阶段里最重要的男人，去看了《疯狂动物城》——杨庆也好，刘波也好，他也好，那些表面如狐狸先生一样的男人，**英雄流氓莫辨，其实仗义非常**。

我信他们。我爱他们。

（原文刊于《大众电影》2016 年 4 月刊 "茶叙"，本文有筛补改动）

爱情

薛晓路与《北京遇上西雅图》系列——

在种种类似爱情中经过并看清自己，比找到爱情更重要。

　　我相信，一个人对待爱情的态度，某种程度上体现出其人生态度。女人尤甚——电影中的通则是：和男性通过征服世界面向自己的情感不同，女性通过了解情感中的自己来面向世界。

　　这大约就是我在观片《北京遇上西雅图2之不二情书》后想要专访薛晓路的原因。在清华大学的首映礼上，短发、身着白衬衣和红色阔腿裤、远远地看起来完全是高冷知识女性范本的她，却为映后谈观众提出的一个"向死而生"的问题猝不及防地落泪——打动我并执意去追专访的不是她的眼泪，而是她让人生彼刻的我感同身受的回答，"每个人都有不为人知的绝境，有没有力气去走出来，这是我想表达的"。

　　显然，**爱情，从来不只是爱情。**

　　我是看过"北西2"后，再回过头去看"北西1"的那种非典型观众。在以《北京遇上西雅图》的5.2亿刷新国产爱情片票房纪录后，顶着爱情片IP光环的《北京遇上西雅图2之不二情书》的上映却引发了甚嚣尘上的两极评价。"没错，'北西1'就是一个轻轻巧巧的爱情故事。"薛晓路专访时对我坦陈，"这部不一样，这部在搭建的时候，我就希望把更多的关于人生的，关于社会层面的一些内容放进去，同时也想做一些反类型的尝试……不管怎么样，我觉得这些东西是我想写的，甚至要远远大于写爱情的成分。"

　　这其实和我看到的"北西2"一脉相承——看第二遍的时候，我并非为主线爱情落泪，而是看到了辅线：爷爷去世，带着象征意味的大火蔓延吞噬了书桌，奶奶带着他回国，黄白菊花散落飘零在水面，和船上洒落故土的骨灰交融并行，好像一场生命不可承受之轻……面对大山大水，奶奶把手放在胸口说：心在哪儿，家在哪儿。

而我清楚地意识到，我喜欢这部电影，很大程度上是因为我喜爱薛晓路在电影里构建的理想世界，远远大于眼前：爱情太快，人心太多变，梦想太虚妄，对书、文字、故乡……对一个旧世界的怀念——虽然那诚然已是爱情电影的不可承受之轻了。

但是，为什么要做这样吃力也未必讨巧市场和观众期待的选择？

"我想不出来讨巧呀。"面对这个问题的薛晓路笑言自己"真的认认真真地想了大概有两个月"，"然后我就坚决地告诉老板，我说我真的想不出来，续集该写什么——我觉得那个故事已经相对完整了。我说我新写一个爱情故事可以，但是绝对得是一个我还愿意写，还有表达的故事。"

其实我第一次听说"北西2"，是从北京电影学院进修编剧的课堂上。"电影是梦，梦是安慰人的——生活太苟且、太残酷，电影是现实与情感的碰撞。"薛晓路的好友、同在北电任教的潘若简说，"电影都是理想主义的，不信你看两部《北京遇上西雅图》，是非常浪漫的——但编剧是理性工作。'北西2'是比'北西1'编剧难度大得多的剧本。"可能没有人比这样的好友更能理解北京电影学院文学系科班出身，并曾以关注社会问题的《不要和陌生人说话》《浮华背后》《和你在一起》等先在圈内以一系列编剧作品闻名的导演薛晓路了。

"为什么要做导演？"面对这个也许被问过多次的问题，薛晓路直言不讳地回答："从编剧转导演，初衷是我不想自己的剧本再被反复改——然后我发现，这是不可能的。"显然，这不是一条易走的路——从投资不到一千万、关注自闭症人群的电影《海洋天堂》这一自编自导的第一部电影作品，直到这次做完"北西"系列的第二部，薛晓路坦言才觉得作为导演的自己可以"控制大场面"了。

薛晓路对自己的认识是"我很擅长把观众搞哭，不擅长把观众搞笑"，同时也是"一个天性特别不解放的人"——或许也正是因为这样的性格特质，让她的电影作品呈现出一种女性对爱情特有的克制：在"北西1"里，是完全没有一般爱情电影里套路化的表白、追求；在"北西2"里，这种"克制"更是达到了极致：一场素未谋面的爱情，直到最后男女主角才真正得以相遇——而这也是整个电影里薛晓路最焦虑的，"边改边写，直到开拍前一天，我都在想该如何让两个人见面"。

其实这已经不重要了。"北西2"汤唯饰演的赌场女公关"娇爷"，经过了对学霸的失望、对大款的心碎、对诗人的止步，但最重要的是，她在种种类似爱情中经过并看清了自己——

找到这个非爱情定义下的自己，是人生里比找到爱情更重要的事情。

"首映访后谈时有观众谈到'向死而生'，你当时哭了……是想起了自己在创作过程当中遇到的比较大的挑战，就向死而生，还是因为别的？"

"可能都有，我觉得真的，人生有时候突然就会有某种转折、变化或者某种你意想不到的那种意外的局势出现……我觉得这些东西真的是对人生的挑战，有的人就躺下了，有的人还能站起来。"

专访时答我此题的她，就像"北西2"开头娇爷骑着摩托车风风火火地出场，红唇黑发，双目有光：**我迷恋奇迹——所以，我热爱这里。**

　　我相信，这也是愿意选择不轻松之路的人们——对爱情、对电影的感情。

当时的电影签名海报与周边明信片之一，同期发布的还有特别版的《查令十字街 84 号》一书，这是电影《北京遇上西雅图 2 之不二情书》的线索与道具，也是导演重要的灵感来源。

（原文刊于《大众电影》2016 年 6 月刊"茶叙"，本文有筛补改动）

故乡

毕赣与《路边野餐》——爱人是永恒的故乡。

那日飘雪的清晨,我和他穿过大半个京城去补看这一场先有金马专访的电影。有些电影,适合一个人看;有些电影,身边若没有人陪伴,却好像很难看完。

不过,《路边野餐》哪种都不是。事实上,它本身就是一个很难归类的电影。就像其导演,生于1989年的毕赣一样,虽然这已经是我专访的第四位金马最佳新导演奖获得者,但他是我和很多人都不够了解的类型:来自贵州,非科班出身,没有国际背景,也不是影评人或有相关从业经历——换言之,他不在我们熟悉的任何一个套路里。

在官方对外版本中,《路边野餐》讲述了这样一个故事:在贵州黔东南神秘潮湿的亚热带乡土,大雾弥漫的凯里县城诊所里,两个医生心事重重活得像幽灵。陈升为了母亲的遗愿,踏上火车寻找弟弟抛弃的孩子;而另一位孤独的老女人托他带一张照片、一件衬衫、一盒磁带给病重的旧情人。去镇远县城的路上,陈升来到一个叫荡麦的地方,那里的时间不是线性的,人们的生活相互补充和消解。他似乎经历了过去、现在和未来,重新思索了自己的生活。

专访之前,我把以上这段文字看了三遍,最终在"过去、现在和未来"下面画了三个横杠,在采访中直接表达了我的不解。

"为什么要写那样一个⋯⋯挺有诗意,但也挺绕的故事梗概?"

"对我来说,是很多很多很多个故事,每次我跟别人叙述的时候,我都会发现它是不一样的东西,它的本质就是去旅行的过程。"毕赣说,"有时候我觉得他是跟其他陌生的人相遇了,有时候我又会觉得他是跟那些人重逢。"

我被这个诗意的回答震得微微有点发愣——事实上那也是整个采访和后来看

电影过程中不时会发生的事。毕赣否认自己是一个诗人，尽管他的诗作在网上用心一点还能搜得到，关于童年和小时候的电影院，"散场后凯里下了场大雨，比吃肉的白狗还急"——但我必须承认，他的影片有着难得的、真正的、浪漫成疾般的"诗意"——那是比被玩坏了的矫情文艺腔高级很多的东西，是从日复一日的生活里提炼而出、站得住脚又注目着远方的善意。

主角的过去、当下与未来的集中展现之一，是一个 40 分钟的长镜头。事实上，因为资金和设备的限制，连毕赣都承认那完全不是一个制作意义上完美无缺的长镜头，但陌生与粗糙并不影响它能带给人的感动。

每个人都会有理不清过去、现在和未来的时候——《路边野餐》不负责解决问题，而只是提出问题。我自己在其中最喜欢的场景，是一个女孩为陈升洗头，她笑笑地说"背着手的人是有罪的，因为老一辈的人说……都是前世绑着流放过来的。"她问从外面的世界来的陈升，"不知道蓝色的池子里有没有海豚"，陈升回答说"汞池是重金属，有剧毒"，然后他在关了灯后那一片暧昧迷蒙的黑暗里用手捂住了手电筒，指缝中透出红色的光，告诉她，"这就是海豚带给我的感觉。"

那不过是血管。我在这样的镜头里听到自己心底条件反射般的答案，在现实世界沉浸久了的人都会隐隐嘲笑这样的浪漫，但我脑海中浮现的场景却是儿时记忆里见过的与之相似的蓝。"其实艺术电影最好理解，因为它不需要你去分析它，去感受就挺好的。"他说。

金马之外，《路边野餐》还获得了法国南特三大洲电影节最佳影片和洛迦诺电影节最佳新导演奖，后者的选片负责人马克·佩兰森指出其"创造性地构建出一种诗意地进入自己故乡的途径"。

毕赣说："故乡对我们的概念已经改变了很多，它以前是一个地域，是一个空间，我得回去那个地方……但后来，故乡慢慢变成了图像，变成了时间，变成了其他的东西，就跟我的电影一样，故事也是被分散成各种东西。"

对此，我不能同意更多了。与其说《路边野餐》带给我的是感同身受的感动，不如说是启示，用普希金的诗来说，带着"一种纯洁的、柔情的回忆"。电影传递的是情绪、是一个梦，但它能且只能来源于创作者最熟悉的生活。

都过去了，都实现了，周而复始——

我在意故乡，因为那是梦开始的、最初的地方；

我也不那么在意故乡，因为爱人就是永恒的故乡，这是我能想到的、对"对的爱情"的最高褒奖。

熟了之后，我让毕赣从贵州凯里给我邮一张明信片，没想到他千里迢迢直接把写好的明信片带到了上海，图案是一只豹——很有点他喜欢的泰国导演阿彼察邦的意味，他们也的确都是心有猛虎之人。诗集和书签是前景娱乐在《路边野餐》台湾上映时为其做的周边。

（原文刊于《大众电影》2016 年 3 月刊"茶叙"，本文有筛补改动）

三十而立

陈哲艺与《爸妈不在家》《再见，在也不见》——老天看到 70%，会给剩下的 30%。

　　在我几乎从来不"死磕"的职业采访生涯中，陈哲艺是一个特例。

　　那时我还在时尚杂志工作，而那一年时尚界发生的大事是：纽约的华裔设计师王大仁（Alexander Wang）被任命为百年老牌巴黎世家（Balenciaga）的创意总监——彼时，出生于 1984 年的王大仁 29 岁，和当年击败王家卫的《一代宗师》、贾樟柯的《天注定》和蔡明亮的《郊游》等名导大片在第 50 届金马奖上勇夺最佳剧情片的陈哲艺同龄。

　　有了这两个案例做时代佐证，"成功，赶在三十岁以前"，这便是当时整个专题略显"武断"的主题，但老实说，身为策划和责任编辑，陈哲艺才是一打人物列单里面我费尽心思寻找、唯一想深入访谈的人——尽管那时还不明晰自己为何物的我还不能明晰概括：**时尚与我何干？电影才是真爱。**

　　他征服我的自然是电影——《爸妈不在家》的好处在于，在并不复杂的人物关系与故事架构里，你能真正看到你能想到的情感种类的世间百态：母亲与菲佣，两个女人因为儿子生发的微妙妒忌与惺惺相惜；菲佣与孩子，一个闯入者是如何被排挤、被接纳、被依恋；妻子与丈夫，感情最后蜕变为床角幽暗的一束灯光，把人的真相照得无处遁形却依然彼此在彼此怀里，他们的眼泪就像命运，流在一起，"我做业务的工作没了"，"我也只是在等你和我讲而已"。

　　《爸妈不在家》是陈哲艺的第一部电影长片，但就连为其颁奖的李安也不止一次说过："功底很深，它有说服力，很纯，不知道他从哪里学来这些技巧，比较不用力，又能让人揪心。"金马评委会对这个以菲佣和一个失业风暴中的家庭相处相离为故事核心的电影，给出的获奖理由则是：以中产阶级的日常生活为题材，看似小格局，却充满对生活的细腻观察，精准锋利，张力强大。

类似的手法与阐释，在他第一次担任监制的电影《再见，在也不见》中亦无处不在，在陈哲艺的电影里，大多数圆梦式的镜头表现和局外人的想象一点也不一样，而是更接近真实生活：**巨变来临前，都是寂静的——大约因为没有什么事情，或好或坏，是等人准备完全了才如约到来。**

这样想来，年龄这种事情——让人人心惶惶的三十而立、四十不惑乃至五十知天命，似乎就不大重要了——一些众人和杂志热衷探讨的话题，往往都是伪命题。普世的标准只能参照，不能当作个体成长的唯一衡量尺度。

陈哲艺的成功看似是"三十岁前"，其实却是因为"任性跟固执"，"我老婆会说我是特别典型的白羊座，但我觉得就是，我要的志在必得，我要的一定要得到。"

很少有人知道，陈哲艺在三十岁前"感觉自己一事无成"，逢年过节的流水宴席上面对亲戚家的小孩连红包也发不出来时，这种感觉尤其强烈——这个片段，后来似曾相识地出现在《爸妈不在家》的一个设置里，为很多人所称道：大家庭聚会，小孩跑出去给坐在外间的菲佣吃鱼翅，母亲远远地看见了，她在远景的中间位置嗔视着镜头，周围人来人往，看似喧闹，实则悲伤。

幸福和成功的标准不止一个，如果你去深入了解过一点新加坡，对华人世界的传统文化有过一点不适，或许就对陈哲艺拍出《爸妈不在家》这样的电影一点也不奇怪了。结束时尚杂志的职业生涯时，我阴差阳错地选了新加坡作为度年假的地方，在圣淘沙 Capella 酒店的别墅里盯着露台上进出自由的野生孔雀——就像《爸妈不在家》里小男孩摔坏电子宠物鸡后真的得到一群小鸡养在阳台上——心心念念的一个私心就是采访到新加坡导演陈哲艺,哪知他根本不在那里。

而在我也三十岁时做到对他的专访,就像是老天给我的一个礼物———一个恰逢其时的礼物。

"我之前看过你说的一句话,这个行业看起来很光鲜,而且有很多人都对其心向往之,但其实应该自己要分辨,到底是真的热爱,还是别的?"

"我觉得我是太在乎了,因为我太爱电影了。你知道很多人说,我希望把电影拍好,但我的座右铭永远不会是我希望把电影拍好——因为我发觉电影太容易拍坏了:可能是你选错了角,可能是这场戏没有稳住,可能你就感觉说有点失神了……所以我现在觉得,我没有奢望把电影拍好,但是我希望自己不要把电影拍坏。"

"可是有什么方法呢?因为片场就像人生——有太多不可控因素了,这还不像写作,你很多时候是自己一个人面对。"

"对,我花了10年,现在终于知道电影到底是什么——电影是一个创作者一直想要控制的一个媒介,因为你要控制所有的东西,但因为电影是很集体的一种合作,很多其他人都会影响到这部片子。我现在常跟一些学生说,就是电影的70%,你也要把所有的功夫和功课都做足100%,但是在现场可能只有70%,剩下的30%在哪里?在于现场,你要真听、真看、真感受。"

"这倒很像是采访——能出彩的,恰恰是不在提问大纲内的部分——但这并不意味着,就可以不准备。"

　　"对，我觉得很多时候就是，老天通常看到你那 70%，其实是会给你剩下的 30% 的。"

　　电影、写作、采访、事业、人生，道理都是相通的，只是未必能做好和过好。

　　所幸，生命很短，但未来很长。

　　三十岁，人生才刚开始——三十而立，是真正开始做自己喜欢做的事情，是有勇气和不爱的告别说再见——这样想来，什么时候，都不晚。

（原文刊于《大众电影》2016 年 2 月刊"茶叙"，本文有筛补改动）

逆流而上

杨超与《长江图》——

既然已经选择如此，就去构建一个独属的新世界。

　　无论如何，有一点是肯定的——《长江图》能够激起一个人关于水的全部记忆。

　　当我第一次在导演杨超工作室的电视屏幕上看到这部电影，透过百叶窗可以看到天色渐晚，窗子下面是红漆斑驳的油汀。这是北方入夏前的一个闷热的黄昏，一帧帧波光粼粼或雾气氤氲的水之画面，让我想起以前在上海，从外滩边的 Indigo 或是半岛酒店的酒吧露台望出去的场景：江水在夜色中深不可测，唯有"I love Shanghai"的霓虹灯是其中荧荧飞舞的红星。

　　观影后的第二天我就去了武汉——要不是这些宿命般连在一起的经历，眼下常年生活在北方的我都快不记得其实依水而生的自己曾经是多么仰赖水，也曾经这样描绘过自己对水的眷恋：

　　"移居北京之后，身为一个南方人，我开始了解水的重要性。京城有狂风、艳阳、沙尘暴……一切世界的怒容，生活在其中的人被推动着去拥有抗争力，唯独干燥少水，以至缺乏柔情——而柔情，是'了解'的本原。"

　　我相信杨超会懂，因为他的《长江图》里，也写满了这样的眷恋——是对江水，也是对女子，或许根本没有叫安陆的女子——女子如水，江的魂魄，就是一个女子。他写："我珍惜我灵魂的清澈 / 我忠于我不爱的自己……每一个诗歌出现的地方 / 她都会出现。"

　　看的次数越多，我却越觉得，与其说《长江图》是一个爱情故事，不如说这是一段男人注目一个女人成长的旅程——这就注定了它的基调不是激烈的纠缠，而是静寂的守望。

　　《长江图》实在是一个很难归类的电影，但它却几乎是近年来在国际奖项上有所斩获的唯一一部中国电影——早于 2016 年初在第 66 届柏林国际电影节主竞赛单元抱回"最佳艺术贡献奖"银熊奖，喧极一时。

　　事实上，《长江图》的电影故事与杨超拿到戛纳电影节最佳处女作特别奖的首部剧情长片《旅程》一脉相承。官方故事梗概中这样写：多年前，高淳和安陆在长江上分开了。多年之后，因为父亲的遗命，高淳重新开始一次沿长江逆流而上的运货航程。他们好像重新相爱了，但安陆已经走上**爱与修行之路，他们的相遇，只是又一次漫长的分离。**

　　三月末四月初的某一天，我第一次在北京电影学院见到杨超，因为"20 世纪最后一位电影大师"贝拉·塔尔的中国行，及其电影《都灵之马》的放映。"你好像第一次知道什么叫'孤独'，在电影中知道什么叫'孤独'。"杨超后来在专访时对我说，"反正我第一次看就是这个感觉，我羡慕嫉妒恨，我觉得真是太了不起了……电影对于我来说，我就是首先被那些大师真的打动过，所以以我才会走这条路——因为当你一旦真的看到那样的电影，那些时刻，就会感觉电影在他们手里，就像一个造物主创造了一个新世界——影史上有一批导演在他们最好的时刻曾经拍到过这样的瞬间，你一旦看见那样的瞬间，你就觉得这是值得去努力的一个目标。"

　　或许正因为此，《长江图》和贝拉·塔尔的电影一样，"信仰"是它们都没有绕过的话题。在《鲸鱼马戏团》里，导演是借一场对话说"我们不可避免地要重新检验真理的标准，信仰的标准"；在《长江图》里，杨超则是用一场中国式的"辩难"继承了衣钵，并做出了余音袅绕的效果，随着电影中男人在楼中盘旋追寻的脚步，久久回荡入观者脑海："有没有可能，一个罪人，却有着高贵的信仰？""可能。""罪，就是冷漠；罪，就是没有信仰。"

从创意到实现、上映，《长江图》耗时十年。

在这其中，杨超经历了自己的编剧瓶颈期，资金还未到位但不得不开工，拍到滴油不剩再到重新融资开拍，剪辑背离最初意图，不停歇甚至羞于面对自己的修改与妥协……漫漫十年，其中扮演广德船员钟祥的老演员江化霖没有看到成片，已因病离开人间。

他总是会想起那个刚过春节的十五之前的寒冬，江上，寒雨连江的，大家都缩成一团，很多人都在抱怨苦，只有江化霖老爷子披个军大衣，兴致勃勃，特别开心，总找他和李屏宾聊天，絮絮叨叨地说"我是不想走啊，但是也别跟你们添麻烦了，还是回去吧，我身体也不好"——直到柏林首映，首场放映之前，组里最年轻的演员之一邬立朋跑到杨超跟前说：有件事我没告诉你啊，老爷子临走之前依依不舍，他跟我说——我要是死在这儿就好了，反正我身体也差不多了——一生演电影，没这么把自己当作一个真的人来演过。

我们终将分离，无论因为爱情逝去，还是因为相隔生死。在《长江图》我最喜欢的镜头里，他远望她，眼睛里蓄满泪水，渐渐流下。"你相信我吗？"他撕掉了手中标注自己所行每处的诗集，纸片飞扬在空中，"你不需要再去经历我所经过的一切。"事实上，她也不可能再遇到他了，他亲手斩断了线索——他们已然在不同的船上，只能渐行渐远，她只能走一条"属于自己的、新的道路"，这就是他为她指明的、也是她无可抗拒的命运。

爱情也好，电影也好，总要在更大的世界里才能得到检验。在柏林电影节版的《长江图》中，杨超借画外音说：快到南京了，江面仍然宽得像海。但他知道，这宽阔是假的。眼睛看不到的河岸，仍然束缚着水流，指向固定的方向。这是江，不是海——广德没有真正的自由，他只能逆流而上。

一年多后，在国内上映的 4K 版本中，这些旁白都已不在。你很难说这是不是遗憾——更大的自由，总要用手中的小自由去换取。《长江图》上映之际，一个重新出发之时，请原谅我由此改写电影中的诗句：两岸城市都已背信弃义，你要选择的是在哪里上岸，加入万家灯火，至少其中一盏。

因为，**既然你已经选择了逆流而上，且世界好坏亦非你可想象——那么，就去构建一个独属于你的新世界吧。**

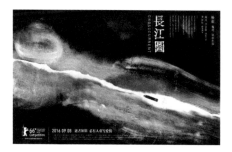

写《长江图》的此篇是当年所有文章里自我励志最有效的一篇，更难得的是，这一花费了导演十年完成的电影故事毫无燃眉的焦躁，依然充满柔情——我自己也没有想到，次年我自己也说走就走地踏上了《长江图》的福地——柏林电影节的旅程，以电影业新人和独立媒体人的身份为 Travel+Leisure 撰写了特稿，应该说，也有《长江图》的励志功劳。

（原文刊于《大众电影》2016 年 9 月刊"茶叙"，本文有筛补改动）

佳人独立

张嘉佳与《摆渡人》——说一句『我愿意』。

因为种种一言难尽的原因，对张嘉佳的专访违背了我的几个常年秘而不宣但人尽皆知的江湖原则：

第一，几乎不在未看电影前采访；

第二，除了明星几乎不写红人；

第三，写字的不写另一个写字的。

"我其实不大相信别人经过整理和剪辑写出来的我自己。"张嘉佳自己在采访中就这么说。我很同意——与其说文人相轻，不如说，这是明白写字这回事儿且实践经验算丰富的人的共识——当然，我们也有区别：我多写现实，他多写虚拟中人。

但其实也没有太多本质差别。写字也好，电影也罢，很多时候是把现实提纯虚拟后的美化，不过必然有一个源头。我和张嘉佳认识在上海的某一间酒吧，彼时他远未大红，但他在酒桌上讲段子的能力实在太出众了，根本无法让人忽视，一桌人被他逗得前仰后合。我觉得他们很有趣，所以留了联系方式。我不会轻易错过人世间一道有趣的风景，我猜很多人宽容我，也是同样道理。毕竟，这么多年，我江湖上最坏的名声，也不过是一个脾气坏而已。

事实上，这次采访是我们共同分头混迹于北京后的第一次相见。张嘉佳看到我后大惊失色："你什么时候从上个地方去的这个地方？"脸上的表情好像一个巨大的逗号，让我想起他的那句"世事如书，我偏爱你这一句，愿做个逗号，待在你的脚边。"以至于我都不忍心告诉他，这次写他，也将是我在他口中的这个地方留下的最后一篇。甚至等不及电影上映，但**以我人生至此的经验，就好像从来也没有什么真正的临终散场。**

"你有自己的朗读者，而我只是个摆渡人。"

或者更简单的，莫过于三个字：我愿意。

摆渡有佳人，绝世而独立。

这两句话，是我给张嘉佳的小说《摆渡人》所写的注解——一个执着爱他终究不得，然后活成世间灿烂风景的故事。

"癫狂只是一部分。"张嘉佳说，"其实这只是这部电影气质的一部分。"

我不喜欢其中激烈的部分，就像电影预告片中所展示出的闹腾。我喜欢其中的一场静默无声。"她离马力还有一步的距离。她要走了，只能抱抱他的影子。可能这是他们唯一一次隆重的拥抱。小玉走了。"

全世界那么大，我们都只能看到彼此直接或间接交叠过的那一部分。我能看到张嘉佳身上别人未必熟知的一部分——除了以上，或许还是，他是乌尔善的处女作电影《刀见笑》的编剧，那是他码字事业的起始，那个"贪、嗔、痴"的故事至今看来毫不逊色；或许也是，他是《从你的全世界路过》的编剧，我看见里面的各个男人为了女人做尽无聊之事，但底色与现实却是悲凉，"有的爱情自然发生，有的爱情无故消失，你看得见，却也不能做什么"。

在我看来，这就是曾经的张嘉佳，他把爱情不要、不屑甚至承受不起的热情嫁接到了自己手上做的事情——然后，他自己导演、王家卫加持的处女作电影《摆渡人》也要上映了。虽然我不喜欢鸡汤，但我必须承认，张嘉佳的故事非常励志——

这都不是人生计划好的，但这就是人生本身。

有了旧世界的崩塌，才能有另一个新世界的崛起。

我杂志生涯的最后一场采访的结尾对话是这样的：

"其实写小说、看电影都挺像创造一个新的世界的一个东西，一个体系，把它弄出来，还是挺有意思的，但是太累了。"

"从你原本的生命当中找到一条路，走到一个新世界里面去？"

"对，然后看了一眼，浑身都是伤口，生活都是血脚印，一步一个血脚印走过来，我觉得不行，我要回去养伤了。真的，我觉得短期之内我是真的不想再碰这么辛苦的事情了……我只是想跟所有人都讲说，其实努力不努力，真的，这个对外人来讲不重要，就看你能做到多少。做你擅长的、喜欢的事情最重要，因为做你擅长的跟喜欢的才叫生命的体验，你不擅长的就是生命中糟糕的体验。"

亲爱的每月期待过我文字的你们，暂时要说一声再见。

不要难过，我觉得我的文字，其实也就像小玉能给出的那一个影子间的拥抱，轻轻浅浅——不过我自认我和她一样的是，我不会试图阻止或教导你去做你想做的任何事。

我只想祝你在过程里真的觉得过开心，说过一句"我愿意"。

要相信，每个人都有自己出埃及的方式。

谢谢伴我一程的每一个人。绝世而独立，我在另一端，等你。

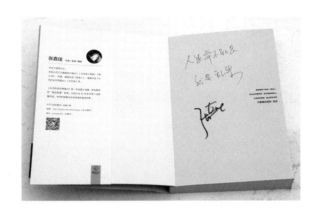

也就张嘉佳这么"乱来"的人，会把我在采访里对他说的话当作赠言的一部分写在送给我的书里。

（原文刊于《大众电影》2016 年 12 月刊"茶叙"，本文有筛补改动）

来日方长

赵德胤与《再见瓦城》——
人生最大的褒奖，是对得起自己的理想。

　　一片黑暗里，名为阿国的少年直视镜头。

　　在倏忽而过的光影里，毫无征兆。

　　上一次我看到这样游移又坚定的目光，好像还是在《和莫妮卡在一起的夏天》里，少女海蕊耶定定地注视镜头——镜头后面的伯格曼，电影人都知道的，他创造了一个电影世界里独创的新世界。

　　彼时是情人的她，带着坚定的爱意望向他。另一个世界里的他。

　　少年阿国的这个异曲同工的注视，是第53届金马"年度台湾杰出电影工作者"、导演赵德胤的电影《再见瓦城》，开场不久的一个镜头。

　　他也带着年少时才会有的坚定爱意，是给一墙之隔的前方的女孩。横卧，黑暗，是因为身处偷渡的后车厢，从缅甸到泰国，需要一整个黑夜的时间。

　　渡过去，就是一个理想中有爱情、有自由的新世界。

　　同样的演员，同样讲青春年少之事，演绎的爱情已经不是《那些年，我们一起追过的女孩》里简单的初恋情怀了——虽然演员自己已经忘了那个直视镜头的镜头了，他更喜欢的是其中、也是后来被用作海报主画面的，他为心仪的她戴项链的镜头。两个人离得那么近，泼水节余留下来的水汽氤氲弥散在空气中，一起氤氲弥散的，是两个人幸福的笑意，他们的脸普通、平淡甚至还残留着正在慢慢奋斗中的粗粝，但周身，仿佛被来自天堂的光影笼罩。

　　这并不奇怪。事情往往如此，当事人往往并不清楚外人的观感，正如外人也并不知道漩涡中人经历过的凶险。

　　我看着他们，在这部讲述缅甸偷渡客的电影里，他让在人生的黑暗与混沌时期的他，褪去明星身份的光环、体验生活、潜伏多时后，戏中的他变作他人甚至无人相认，改变与不变，天分与野心，他注定要自己选择与面对……其实访谈那一刻，那一个在相似的人生阶段里，正在试着独处并告别过去某个身份的我，也如是。

　　第 53 届金马间隙，什么也不是的我一个人跑去台北威秀看了李安当年的新片《比利·林恩的中场战事》，3D/4K/120 帧的摄制格式，据说全球只有五个厅能放——但有些镜头，其实应该说是全部，在最普通格式的银幕上也成立——真正震撼人心的从来不是激烈的视效，而是真正深入心底的柔情。

　　我看见啦啦队队长迎前一步，对心仪的英雄比利说："人生有时如此黑暗，你觉得所有的光都熄灭了，但你要做的，也许只是打开一条缝。"

　　一个人，是一道光。

　　一部电影，也可以是。

　　要想一场人生不枉，就看你抓不抓得住了——电影，对出身缅甸、并不富裕、得到奖学金从而求学于台湾的赵德胤来说，或许更从来都是一道光。

　　他是第 53 届金马的台湾杰出电影工作者，但在我看来，他的经历与视角，注定了他更是亚洲的——这可能也是国际影展对他一直以来肯定有加的原因。金马前，《再见瓦城》获得了当年威尼斯电影节的"欧洲电影联盟大奖"。

　　身份，是他从影至今一以贯之的议题。

　　如果说前几部电影作品记录了他亲历的命运多舛的国籍与家族问题，《再见瓦城》里增加的层次，则是男女之情中为确认男女朋友的"身份"，双方彼此的互虐；同时也是通过一脉相承的"身份"办证事件，直击男女双方对未来的不同期许。

"你不需要办证！"

"那是你不需要！我需要！"

往往如此，失去时才惊觉，身份就是这样无处不在的问题——职场中是，爱情中是，电影圈也是。"好莱坞会笑早期的台湾电影，说这是穷人美学。"被圈内人称为"台湾李安"的赵德胤说，"其实美学只是一个外围，所谓电影传统，我觉得更多的是李安导演、侯导他们这种，对创作的坚持。精神和做人做事的方法不太好学，那些东西你得从内而外地来转化。"

事实上，《再见瓦城》某种程度上也可以说是赵德胤从影生涯中最有"身份"的一部电影：第一部非小成本、有百人剧组、有十二稿剧本的剧情长片。

"那么，更自由了吗？"我问他。

"剧本的内容最后在电影里的完全呈现不会超过 30%。"赵德胤说，"其实拍电影都是这样啊，很多时候你都感觉就是快枯竭了，不管是想法或者是力气——但是你还是去做，最后就会出现一些东西。"

这样的叙述简直与任何一种人生都有异曲同工的心碎之处：是无法完全规划的。

筋疲力尽时，要坚持。

大自由是小自由换取的，身份感和安全感，是自己创造的。

除了爱情与身份，《再见瓦城》的另一层本意表达是"离散"。

金马奖颁奖那日，又是下雨。延绵不断的雨水、观影、冷门、花落黑马、圈内派对……这些我印象中的金马标配，一连三年一一亲历，有些人还在身边，有些人已然不见。

金马 53 也许是我以纯媒体人"身份"得以前往的最后一次。那一日，入围六项大奖的《再见瓦城》，电影本身一奖未得，他们的酒吧却是我去的唯一派对，其主人兼制片人，同时也是金马黑马获大奖之作《八月》的主要推手——身份与地域的界限，与其说模糊，不如说已打破。

再见很多人，新旧交替，我看到席间的每一个人如流水离散，但都真的开心。

事实即是如此。

来日方长，人生最大的褒奖，不过对自己的奖赏。

说什么天分、野心、改变、身份，其实他们在做的，都不过这一件事而已——对自己最大的奖赏，不只是满足自己的欲望，还有对得起自己的理想。

这个世界是不会变的。小明在《牯岭街少年杀人事件》里迎风这样说。

的确如此。但我看到被誉为"新牯岭街"的《再见瓦城》的他们做到了。

而我也行将上路。

签这张书签是赵德胤和毕赣在上海戏剧学院做一个主题为"亚洲电影新想象"的对谈前。赵德胤说他会一直坚持"东方式的电影",侯孝贤评价他"能看到别人看不到的",而我觉得赵德胤是我访过的在电影观点上让人最舒服且最有认知的青年导演之一。
(原文为第53届金马网络特约稿件,本文有筛补改动)

直面真实（代跋）

黄磊与《麻烦家族》——你终将面对你自己。

　　黄磊就这样出现在我面前，随意地盘腿一坐。

　　我看了看他，却没告诉他，那一瞬我想起的是周迅——不仅仅是因为他们在受访时都一样看似随性。那段著名的故事，1999年年末的那一天，他和周迅拍完《人间四月天》，去一个偏远小镇宣传，归程夜车上的广播仿佛命定般地预言了他们之后的《橘子红了》，"跨越千禧年的时候你跟谁在一起，你将和他一生纠缠不清"——《橘子红了》的最后一场诀别戏，媒体的稿子里黄磊是这样描述的："她站在我旁边，忽然我觉得像过完一辈子，两个人站那儿像过完了一辈子。"

　　之前采访周迅的时候，我拿这段故事问过她。除了坦承林徽因是自己最喜欢、当时也最无把握演好的人物，周迅笑笑说："你们说他这人，就爱把事情搞成这样，怎么弄？"我现在觉得，一个其实不那么食人间烟火的人，才会有那样的关于"一辈子"的幻而又幻的联想。

　　好，也不好。

　　好就好在，他不会有周迅那样担心演绎不好"林徽因那样的人物"的烦恼。

　　不好就不好在，麻烦总是与一个人的天分与思想成正比的，包括选择《家族之苦》这样的电影来翻拍的"麻烦"。我看着眼前这个人，早早便被人周知是"才子"的人——无论他周身有多少岁月赋予与积攒的烟火气，他身上始终有一种挥之不去的悲伤——区别只是，以前是文艺青年那般小情小调的哀伤，现在则是一种了解了这个世界后，悲天悯人的忧伤。

　　我不知道有多少人能够看出这个，但我看得出来。

　　他有一种矛盾与深情，而且，平日里他要把它们掩藏起来。

大约因为，面对这个世界的时候，我们都始终没有自己想象或希冀的那样快乐。

所以，如今的人们去电影院，寻求的是刺激，是娱乐，是奇情，是借由幻象来淡忘眼前的生活——因为真实的日子，在这个一切成功与幸福都以数字来衡量的世界——现在连文艺创作，如电影和文字，也被以如此要求加入此标准的这个世界里——大多数人过得实在太不如意了。

但真实的人生，就是有很多不如意的麻烦事的啊，比暂时的忘却更重要的是，如何去面对人生的麻烦？这是我推荐每个人都坐到电影院里去看看《麻烦家族》的真心话。

直面你不敢直面的真实。

电影不是只能给你幻象。

要不是采访，我不会知道早就声名鹊起如黄磊，也走了一条如此漫长的、不为人知的电影之路。

18 岁时演了陈凯歌的《边走边唱》，高开后却是低走，"上研究生是为了回避演戏"，直到姐姐的病危逼他直面了生活，开始出唱片和演电视剧。

30 岁时"很想做一个导演"，《似水年华》原本是个电影剧本，但投资人说"你这个电影没人看，但是你的电视剧这么火，你把它改成电视剧就行"，"就愣写出了 20 多集来"。

如今黄磊 45 岁了，"我还是会想要拍那个电影，但是可能等我再老一点，等我的生命真的似水年华一样的时候"，而《麻烦家族》"是制片人拿着它撞到我怀里来了"，他在筹备戏剧节的间隙和媳妇儿猫在乌镇一起看了山本洋次的原作《家族之苦》，"其实看起来各个点都不像是我会去拍的一个电影，我的处女作，我要翻拍，又不是一个《初恋爱》的青春片，不是《巧克力》那样的文艺片（注：两个都是他筹备了很久但未能成拍的电影故事），不是《似水年华》那样的隽永……可我就觉得，我懂了那个故事。"

黄磊说，他这一版《麻烦家族》电影故事的核心，是国人感情上的"忽略"。

我想说，其实最不该忽略的，就是每个人自己的心啊，千疮百孔，却又万般柔软。

我没有告诉黄磊的事情很多，比如，但凡对电影有点情结的人都不会想到，电影成了如今的这个样子。

黄磊和我们，像我父亲那般喜欢山田洋次的《远山的呼唤》的人，都不例外。

一抬头，到处都是当年 A Mei 口中"手边可以放可乐的高级电影院"了；

一抬头，都是"不再是钞票随胶片咔咔转动"的数字拍电影了；

一抬头，拍个电影都得为票房拼命吆喝营销路演了，好像人人都可以拍电影了——只是，山田洋次说的"对电影的敬畏之心"，还在吗？

采访中，他说的以下三句话，让我印象深刻——深刻到我现在就可以想象，它们会在今后无数个暗夜里跑出来，成为飞舞在脑海之外半空中荧荧发亮的星。

"凡是委屈求来的都不是全。"

"哪一次选择不是人生的选择？都有可能是。"

"反正你每一件事情，都有自己的选择和方式来做……表达要有，然后你也

要有你自己的方式。我先要对我的表达负责——我将有一天，每个人也都跟我一样，将独自面对那一刻。"

这是那一场采访最后他说的。那是他全国路演开始的第一天，然后一大堆人涌进了房间，寒暄、签名、合影，我和摄影摄像师就这样一起被退到了外圈，更外圈……我没有想到最后的最后，他会在一大堆前推后挤簇拥他离开的人群中蓦然回首，对我挥手：

"丁天，再见啊！"

那样知晓一切的疲惫与柔软，仿佛是很多次采访后我惊鸿一瞥到的聚光灯下的他们的缩影——是我不能明说只能暗察的部分，但只有这一次——我知晓了那也是我自己。

那天晚上，其实我有点难过。

就好像一切风流云散的关头，如每每电影散场，如亲见红毯撤去，如上一本书盛大地发布完的夜晚——"独自"的那一刻，早在你不自知的那一刻，就开始了。

被冷风吹，被冷言评，回到家还是一个人，便觉得生活不能比此刻更难了——你看，人生往往就是被这些麻烦的小事打败的。

但能安慰到人的，往往也是小事，如一杯温暖的蜂蜜水，一段温暖如知己般的文字，或镜头。电视里在放一期《王牌对王牌》的节目重播，正好是黄磊家族对徐静蕾家族队——游戏无聊，但深情一刻也是深情的：一堆长大了的学生，齐刷刷重演当年入学向黄老师自报家门的场景——他们中的大多数人都不红，对大众而言都是陌生的脸，岁月爬过他们曾经出类拔萃的脸，便更显出了残酷。

　　然后，我看见黄磊哭了。他向他们伸出拥抱的双臂，他们抱在一起，眼泪也流到了一起。

　　好像《麻烦家族》的最后一组镜头，看似圆满，其实不是。

　　父亲在床上睡着，神情安详如同初生的婴儿，母亲拉着他的手轻轻放到枕头上——从胳膊肘，到手指尖，到每一寸摩擦而过的肌肤，慢镜头晃过，迷离的歌声响起，在柔和的女声中，镜头也晃过了这个两人世界外余下的一切：有人又怀上了孩子，有人在顶着发卷嬉闹，有人在歌唱青春，有人是母女，有人在酒精与貌似爱情中忘却自己的年纪……

　　这就是人生，麻烦不断、爱恨交织的人生：一群人的欢歌是另一群人的哀号，一群人的上路是另一群人的起舞，一群人的别过是另一群人的永生。所有的聪慧转眼是懵懂，所有的狂欢是既快且痛，所有的繁荣都可瞬间成空。

　　黄磊说：选择《莉莉·玛莲》做片尾曲，因为这个有很多语言版本的"二战"时的名曲讲的是同一件事，人与人之间共通的事：

　　无论如何，人都在等待所爱，为所爱而活。

　　其实采访了这么多人，这也是我所得到的——你以为拥有很多的人，就没有麻烦了吗？不是这样的。所有的不满意，其实都是对自己。人最终面对的，也就是你自己。

　　这大概是我手头最后一本专门写别人的故事的书了。**谢谢在这段见人、见影，**

也见自己的路上，有意无意陪伴过我找自己的所有人。

相比文字这种一个人的事而言，电影是一个更不好实现，也更漫长的梦。

但所幸，对所有我爱的人和事，我的王牌从来都只有这一张——

一颗真心而已。

这是我的选择，也是我选择与所有的人和事，相遇的方式。

不麻烦不足以论人生，但真实如生活的美好才是最美好的。

祝你们也找到。

丁天

2017/5/17　00:20 定稿于京

2017/7/2　4:23 改稿于沪

虽然黄导受访后在微博上说"谢谢你的懂得",但我其实更想告诉他同样的这一句话,也想把这句话送给阅读此书至此的所有人——谢谢从上一本书开始懂得我的你们,更要谢谢如山田洋次先生那样时时提醒我要怀有敬畏之心的前辈及电影圈中人。

特别致谢

感谢徐洋、小美对此书不易且简洁的视觉设计。

感谢两年中承制我封面及系列影像的佳合永鑫北京团队，以及在京沪帮助制图与肖像拍摄的程文、葛爷。

感谢自认识起一直信任并鼓励我这个非网红的 Lucy 女士、子在先生、yoyo 姑娘、永城先生、李孟夏师父，感谢合作伙伴丹妮总、超凡小仙女。

感谢慧眼与耐心并存、不胜我烦扰且很懂生活的编辑张维先生、责编熹熹姑娘。

并衷心感谢所有我曾工作过的媒体平台、所有受访者，所有相关共事人员与各合作方。

注：以上排名不分先后。

图书在版编目（CIP）数据

29+1种相遇方式 / 丁天著. --重庆：重庆大学出
版社，2018.1
ISBN 978-7-5689-0882-5

Ⅰ.① 2… Ⅱ.① 丁… Ⅲ.① 服装设计 Ⅳ.
①TS941.2

中国版本图书馆CIP数据核字（2017）第269266号

29+1种相遇方式
29+1 ZHONG XIANGYU FANGSHI
丁 天 著

策划编辑：张 维　　　　书本设计：声脉工作室
责任编辑：李蘅熹　　　　摄影制作：佳合永鑫
责任校对：关德强

重庆大学出版社出版发行
出版人：易树平
社址：（401331）重庆市沙坪坝区大学城西路21号
网址：http://www.cqup.com.cn
全国新华书店经销
印刷：重庆市正前方彩色印刷有限公司

开本：890mm×1240mm 1/32 印张：9.125 字数：184千
2018年1月第1版　　2018年1月第1次印刷
ISBN 978-7-5689-0882-5　　定价：42.00元